生存科学シリーズ

地域が元気になる脱温暖化社会を！

―「高炭素金縛り」を解く「共-進化」の社会技術開発―

堀尾正靱・重藤さわ子 編著

監 修
独立行政法人科学技術振興機構　社会技術研究開発センター
「地域に根ざした脱温暖化・環境共生社会」研究開発領域

公人の友社

目 次

刊行によせて ……………………………………………………………………… 3

第1章　研究開発領域設定の背景 ……………………………………………… 5
　1－1．現代科学技術社会の歴史的危機 …………………………………… 5
　1－2．研究開発領域の目標及び概要 ……………………………………… 20
　1－3．研究開発領域・プログラムの運営 ………………………………… 26

第2章　研究開発領域の成果とその検証 …………………………………… 29
　2－1．研究開発目標とその要素課題 ……………………………………… 29
　2－2．WP1について ………………………………………………………… 32
　2－3．WP2について ………………………………………………………… 48
　2－4．横断的・総合的プロジェクト成果の検証について ……………… 52
　2－5．共－進化型プロジェクトの成果検証 ……………………………… 56
　2－6．人材の育成 …………………………………………………………… 61
　2－7．学会等における議論のプラットフォーム等 ……………………… 62

第3章　地域が元気になる脱温暖化社会を実現するために ……………… 65
　3－1．「地域に根ざした脱温暖化・環境共生」領域の6年間にできたこと … 65
　3－2．脱温暖化・環境共生社会に向けて
　　　　－「提言」と地域の現場でそれを実現するための「指針」－ … 67
　3－3．これからの日本をどうしていくのか－具体的な方向性について－ … 69
　3－4．「地域の現場で取り組むべき指針」の解説と領域の取り組み事例 …… 85

引用文献 ………………………………………………………………………… 130
付録1．参考図表 ……………………………………………………………… 133
付録2．地域自然エネルギー条例の例 ……………………………………… 136

あとがき ………………………………………………………………………… 147

読者のみなさまへ

　第2章は、研究開発・プログラムの目標と対応させる形で、得られた成果の細かい検証を主眼として記述しています。領域・プログラムの活動から得られた、「地域が元気になる脱温暖化社会」を実現するための方策や、これからのさらなる展開に主なご関心をお持ちの方は、第2章は飛ばし、第3章をお読みになってもかまいません。

－刊行によせて－

　石油などの鉱物エネルギーに高度に依存しながら展開してきた世界の近代化は、高効率な産業社会を生み出してきました。しかし、地球環境は有限で、現代社会が排出する温室効果ガスの増加による気候変動が、いまや猛威をふるい始めています。持続型の社会への挑戦は、すでに1990年代からはじめられました。しかし、既存インフラ、制度、生産・流通・金融システムによって縛られているこの現代社会の低炭素化は、いわば高炭素状態に金縛りになった「カーボン・ロックイン」状態にあるといえます。また、鉱物エネルギー資源の寿命も長くはありません。高炭素金縛り状態をアンロックし、本格的な低炭素社会に移行すること、つまり、「近代の作り直し」が、2050年をめどにした、しかしすぐに取り組まなければならない、課題として、わたしたちの前に突きつけられています。

　その作り直しにおいては、金縛りの中にある産業社会のメインプレイヤーの努力が重要であるとはいえ、むしろ受動的にかかわってきた市民、地方、地域が、新しい価値観に基づくバリューチェーンを創出し、持続型社会を開拓するプレイヤーになっていくことが重要なはずです。

　わたしたちは、2008年以来、上記のような課題設定と作業仮説に基づいた新しい研究開発潮流の形成を使命とし、2050年までに温室効果ガスの60〜80％を削減する「石油づけ近代の作り直し」のマクロな課題を、地域の実利につながるミクロな課題に翻訳し、「現場目線」に立って人的・社会的シナリオを開発する社会技術的研究開発プロジェクトを推進して参りました。

　領域が活動してきた2014年までの6年間は、GHG60－80％削減を掲げた福田行動計画の閣議決定、リーマンショック、政権交代、東日本大震災と原発災害、固定価格買取制度の発足、連続的な真夏日、大型台風・竜巻災害、政権再交代など、激動の時期でした。とくに東日本大震災では、あまりにも多くの方々がお亡くなりになりました。改めて心よりお悔み申し上げます。がれきの撤去や行方不明者の捜索に関わった多数の方々、仮設住宅の生活を強いられている方々、避難先の地域で不自由な生活をされている方々にとって、真の復興はまだこれからです。

　当領域の社会技術的な研究開発は、この激動の中で、ますます時代の課題に対応

したものであることが明らかとなりました。全国の皆様からいただいた温かい励ましのお陰で、さらに展開し、終了することができました。得られた成果は、大目標に比べれば、まだまだささやかです。しかし、これまでにないユニークなものになりました。まず第一に、これまでは温暖化対策に全く連動していなかった取り組みを、量的効果のある温暖化対策と結びつけていくための方法を開発しました。それに加えて、第二に、横断的・総合的で共に進化することをめざす（共－進化型）プロジェクトの設計、管理、成果検証の方法を開発しました。

　本書は、このような領域の設計、活動、および、成果を取りまとめたうえで、量的効果を発揮できる国民的な温暖化対策を、地域・市民の内発力に基づいて展開していくための戦略を提言し、これからさらにそれらに地域で取り組んでいくための指針を提示させていただくものです。

　本領域の挑戦を契機に、全国各地で、「現場目線」に立った「地域が共に進化する」脱温暖化シナリオの開発と、普及、その人的・制度的な仕組みづくりの兆しが表われています。そのような、ニッチではあるがイノベーティブな取り組みを、社会の本流として本格化させていくためにも、本書でご紹介するわたしたちの経験や提言・指針が、全国各地の皆様のご参考になれば幸いです。

　本領域の立ち上げから今まで、社会技術研究開発センター センター長をはじめ、JSTの関係者の皆さまには、新しい試みにもかかわらず暖かいご指導と激励を頂きました。領域アドバイザーの皆さまには、多岐にわたる領域運営において、真摯なご支援とご指導を頂きました。アソシエイトフェローほか領域事務局スタッフには、プロジェクトへの対応から領域とりまとめまで、寝食を忘れた支援を頂きました。この場をお借りして、厚く御礼申し上げます。

　最後に、領域側との時には厳しいやり取りをしながらも、領域ミッションの実現に向けてともに歩み、それぞれ素晴らしい成果を生み出してこられたプロジェクトの皆様とご協力者の皆さまに、改めて御礼申し上げます。

独立行政法人科学技術振興機構・社会技術研究開発センター
「地域に根ざした脱温暖化・環境共生社会」研究開発領域
領域総括　堀尾　正靱

第 1 章　研究開発領域設定の背景

1−1．現代科学技術社会の歴史的危機

（1）環境エネルギー問題の基軸としての地球温暖化の歴史的意味と「カーボン・ロックイン」

　本領域の設定の具体的な背景の説明に入る前に、そのさらに大きな背景である現代という時代の特徴と、それが直面している地球温暖化ほかの本格的な危機について、簡単に振り返っておきたい。

　ホモサピエンスがアフリカを出たのが今から約 4-10 万年前、南アメリカの最南端にまで到達したのが約 1 万 5 千年前といわれている（ストリンガー―マッキー（2001））。それらを含む過去 40 万年間にわたる二酸化炭素濃度の推移が明らかになったのは、まだごく最近のことである。Petit（プティット）ら（1999）は、南極の氷床コアサンプルの化学分析から、二酸化炭素、および大気中ばいじん濃度と地球表面温度の記録をはじめて開示した。驚くべきことは、その 40 万年間、二酸化炭素濃度は、180ppm（ppm：容積で 100 万分の 1 という「気体成分濃度」の単位）から 280ppm の間を 4 回上下しただけだった（付録、図 A1）。

　しかし、産業革命以後、世界平均二酸化炭素濃度は 280ppm から上昇し、すでに 380ppm を超えてしまった（2012 年は 393.1ppm）。この事実と、100ppm 程度の二酸化炭素などの増加でも大気温度の数度の変化が起こりうるという地球熱収支の知見は、いま我々が経験しつつある温暖化・気候変動が、過去 40 万年以上にわ

たり地球が一度も経験しなかったことであり、もちろん人類にとってもはじめての事態であることを示している。そのような重大な課題に対して、1992年の気候変動枠組み条約（1994年発効）にもとづくIPCC（気候変動に関する政府間パネル）やCOP（締約国会議）の体制ができたことなどの意義は計り知れない。

地球温暖化問題は、1989年の米上院委員会でのジェームス・ハンセン博士（NASA）の証言のころをさかいに、世界の政治の俎上に上った。気候変動枠組み条約（1992年締結、1994年発効）の成立にリーダーシップを発揮したノルウエーの女性首相（当時）グロ・ブルントランドは、1980年に「世界環境保全戦略」（IUCN,UNEP,WWF）で提唱されたSustainable Developmentすなわち「持続型の発展」という言葉に世代間の視点を織り込んで、米ソ冷戦終結後の世界において、未来を見つめるための新たな視点を世界中が共有することを求めた。いまや、「持続型社会」という言葉は企業や地域の持続性といった、ミクロかつ短中期の生存の意味でまで使われるまでになっているが、「持続型社会」の意味は、上記の地球的危機を起こしている近代文明のあり方そのものに関するものであることを、われわれは片時も忘れるべきではない。良心的ではあっても、大きな問題への長期にわたる取組を風化させる「気分のエコ」とも言うべき多様な社会的傾向をどう乗り越えていくのかは、一つの重要な課題である。

すでに2000年、英国環境公害委員会（RCEP）の報告書は、2050年までに60%程度の温室効果ガス削減を行わなければならないことを述べていた。その後、2005年ころまでに行われた地球シミュレータに基づく研究（住ら（2005））は、地球温暖化により、今のままでは2050年には4～5℃の温度上昇が避けられず、わが国の場合、真夏日が3カ月以上にもなり、破壊的な災害や有害生物種の大幅な増加などを予想している（付録、図A2）。また、地球シミュレーションからは、気候変動に伴う災厄を許容範囲に抑えるためには、平均温度の2050年における上昇を2℃以内に抑える必要があり、そのためには世界の温室効果ガス発生量を1990年代のそれの1/2にしなければならないことも明らかになった（付録、図A3）。ただし、そのような努力をしたとしても、2050年までは、努力を行わなかった場合との気温の差はあまり表れない。その後、海水温度の上昇により海水に溶解していた二酸化炭素が放出されたり、ツンドラ（永久凍土）地帯でのメタンが発生するなどの「ポジティブ・フィードバック」がすすむことにより、2050年以降になって

地球表面温度に大きく差が出ることが予測されている。一方、豪雨禍などは2050年を待たずに増加していく。

　したがって、2005年時点で、すでに1997年の京都議定書の目標数字の小ささが認識され、ヨーロッパ先進国やわが国は、60-80%削減を長期目標として掲げる態勢をとっていた。2008年洞爺湖サミットでは2050年までに世界の排出量を50%以上削減するという目標を全締約国と「共有することを目標とする」ことが確認された。このことは、「現在の各国民一人一人が同一量の二酸化炭素排出権を持つ」と考えるとき（このような条件も、温暖化対策が世界政治の正当性を根拠づける基準となる以上、避けて通ることはできない）、先進国では70-90%の削減を行わなければならないことを意味する（付録、図A3）。なお、2050年以降も、各国はさらなる削減を進めていかなければならない。この削減課題は、現代文明の根幹に触れかねないほどの規模である。

　奇しくも、冷戦体制とそれを支えた「大きな物語」の崩壊と時を同じくして、世界は、現代文明を持続型に変革するという、新たな「正当性」をかかげた大きな物語をもつ時代に入った。温室効果ガスの大幅削減の課題を避けることは、現代史における希望やリーダーシップを放棄することである。そして、仮にそれらを放棄したとしても、これまでの科学技術インフラ自体が風水害で甚大な被害をこうむり、プラント事故や高層ビルの倒壊、自然生態系の変化などを含む多様な副次的災害に巻き込まれ、文明の退化を余儀なくされていく可能性は大である。2005年のハリケーン・カトリーナによるニューオーリンズの壊滅、2011年の12号台風による紀伊半島における谷頭（谷の最上部＝山頂に近い）からの超大型土砂崩れと天然ダムの形成による大水害などは、まだ記憶に新しいし、2013年のフィリピン・レイテ島の30号台風（Haiyan）被災は3-11の津波並みであり、復興はまだ始まったばかりである。

　一方、鉱物系燃料の余命も決して長くない。シェールガスの開発が進められているとはいえ、化石燃料の枯渇は時間の問題である。また、地球温暖化対策を考えるとき、化石燃料への依存には大きな制約がある。炭酸ガス分離貯留技術（CCS）の実用化も進められてはいるが、資源消費速度を速めることも確実であり、世代間資源配分の問題にもつながっている。また、核燃料サイクルの現実性が明確でない現在、放射性廃棄物問題に何らかの対策がとられたとしても、ウラン235の余命は

石油等と同程度であるので、原子力発電にも持続性は認められない。これらの危機が、ほぼすべて2050年ころに重なってくることは、これまでの「近代化」が作り上げてきた「近代」すなわち「鉱物燃料漬けの近代」の作り直しの必要性と緊急性を示している。

いずれにしても、地球温暖化とそれによる気候変動は、各種エネルギー資源の枯渇以前に猛威をふるい、現代の社会インフラに破壊的な影響を及ぼす可能性が高い。その意味で、各種鉱物系エネルギー源の枯渇は、地球温暖化に比べて二義的である。また、ごみの氾濫や生物多様性の減退その他の環境問題も、大量生産・大量消費を可能にしてきた鉱物系燃料使用の条件と連動しており、温暖化・気候変動問題とほぼ同根である。このような意味で、地球温暖化問題は、環境・エネルギー問題の基軸としての位置を占めることになったと言える。

しかし、現代社会は、技術と制度で固められ、毎日、多くの人々がその中で働き、受注を取り、納品に追われ、借金を返済している。この高炭素構造（温室効果ガスを大量に排出し続ける社会的物質代謝と経済の構造）は、サプライチェーン、バリューチェーンから成る連鎖的性格をもち、部門ごとの改善といった漸進的（微小摂動的）な方法では、おそらくほとんど変えられない慣性力をもつ。2000年代に入り、数々の数値目標等が掲げられてきたにもかかわらず、温室効果ガスの排出量が大きく下がったのは2008年のリーマンショックの後しばらくだけであった。大きな社会的慣性力をもち、部分的漸進的改変への抵抗力を持つこの高炭素構造の状態にUnruh（アンルー）(2000)は「カーボン・ロックイン」という表現を当てはめている。ここでは、これを「高炭素金縛り」と呼ぶことにする。

アンルー（2002）は、この高炭素金縛り状態を、技術―社会複合体の問題だとし、それにかかわる、技術、組織（部門制、需要者―供給者関係、人材訓練などを含む）、産業（工業規格、各種資産などを含む）、社会、制度（法律、省庁体制等を含む）の要因を挙げている。いずれにしても、この、厳しい現業の世界がもつ連鎖構造の変革が我々の最大の課題であることをまず確認する必要がある。

（2）「直線的近代化」から「再帰的近代化」と「近代の作り直し」へ

今や金縛り状態にあるこの現代社会は、科学技術の開花によってはじめて実現されたものである。人類の歴史から見れば極めて短いわずか400年間に、民主主義

と工業化という近代の構造を基礎づける形で、科学技術とくにエネルギー利用技術が構築され、社会のすみずみに実装されてきた。

この、近世中期から現代までの400年間における重要な記念碑的出来事（メルクマール）は、およそ次のように設定される。

まず第一は、それまで100年以上の努力の果てに到達した自然科学の時代の始まりであり、17世紀中葉＝1686のニュートンの『プリンキピア』の刊行が一つの指標となる。これは、中世からルネッサンス、宗教改革等の時代を通じて一つ一つ積み上げられてきた蓄積が実を結び、科学的な知の構築方法と原理的基礎が定まり、それらが大きな社会的な力を発揮する時代に入ったこと、つまり近世科学革命の完成である。これにより、ニュートン力学時代が始まる。以後、科学の発展は、個々にはパラダイム（新しい考え方）の飛躍的なシフトがあるとはいえ、連続的な知の集積の時代に入っていった。

第二は、18世紀中葉の蒸気動力時代・産業革命の始まりであり、1769年のワットの蒸気機関の完成が区切りとなる。機械的ではあるがフィードバック機構をもち、回転数を一定に保つことができる安定した原動機技術の完成により、人力に頼った労働形態からの解放が始まった。「工業化」と「民主主義」という近代を特徴づける二つの要素が結合できたのは、原動機技術のおかげである。

第三は、19世紀中葉の電気の時代の始まりであり、1866年のジーメンスの発電機の完成を画期とすることができる。この発電機は、永久磁石を使わない最初のもので、安価な大型発電機の製造を可能にした。同時にこの時期は、産業革命の中で過酷な労働環境におとし入れられていた労働者たちの反撃の時代の始まりでもあった。英国・アイルランド全国労働組合大連合結成は1834年である。もうひとつ重要なことは、工学教育が高等教育の体系の中に組み入れられ、科学技術が社会体制として成立したことである。帝国大学工科大学校の設立（前身は工部大学校）は1886年である。ヨーロッパは、工学系高等教育の開始では先行していたが（フランスではナポレオンによりエコールポリテクニークが1794年に開校）、工学を蔑視する伝統もあり、大学に工学部を置くようになったのはずっと後の事である。これに対し、わが国では当初から大学教育の中に工学部が位置づけられていた。

では、ニュートン力学の形成から300余年後の「現代」とはどういう時代なのだろうか。人々が当たり前のように享受している便利な生活は、あくまでも科学

革命のあと、300年かけて行われた「科学技術革命」が、鉄砲玉のような直線的・一方向的な展開の中で生み出したものであり、あくまでもこれからの大幅な見直しを避けられないものなのである。

　ここでの、「科学技術革命」とは、近世の「科学革命」とは区別され、また古代以来の各段階の技術革命とも区別される「科学的知に基づく技術革命」のことである。ただし、その持続性はいろいろな意味で保障されていない。じつは、鉄砲玉はいま大きな壁にぶつかり、めり込んで、身動きが取れないところに来ている。

　高度な現代技術の基幹部分は1930年代から70年代の40年間に集中して始まっている[1]。一方、この間、植民地の独立、国連の設置と機能発揮など、世界の民主的秩序の実現も進んだ。しかし同時に、直線的科学技術革命の負の側面の発生も、この時期から約10年程度の遅れで集中的に始まっている。すなわち、科学技術革命の成果が社会にあふれるなかで、公害、大気・水汚染、都市におけるごみの氾濫、農薬や河川護岸工事による生物多様性の減退、シックハウス問題など、環境破壊の影響が生物および人体に展開していく。鉱物エネルギーおよび環境の有限性から「成長の限界」（メドウズ（1972））が唱えられ、地球環境問題の始まり、リスク社会の始まりとつながっている。さらに、それらとほぼ時を同じくして進行したソビエト社会主義体制の崩壊は、マルクス主義的イデオロギーが持っていた直線的歴史観や、専門的集団と市民大衆の一方向的関係設定の挫折であった。

　したがって、循環型社会へのさまざまなアクション、持続可能性への模索、科学技術開発や各種事業と市民との関係の再構築の試み、などが始められた20世紀末期から21世紀初頭は、明らかにそれまでの直線的・一方向的な開発の流れとは異

---

[1] 石油や天然ガス、石炭などの化石燃料に基づく大量生産大量消費時代がアメリカから始まり、世界に展開。大量破壊兵器（核爆弾：1945年、V2ミサイル運用開始：1944年・スマート爆弾1943年）も次々に展開。1905年のアインシュタインの公式 $E=mc^2$（Eは核反応により得られるエネルギー、mは核反応によって消失する質量、cは光速）は、原子爆弾を生み、その平和利用として原子力発電技術の商用化（コールダーホール型：1956年）に進む。合成樹脂革命（ナイロン：1935年、アクリル樹脂：1934年）量子化学の成果は分子動力学計算（1957年）に結実。情報技術革命（計算機（ENIAC:1946年）、半導体（点接触型トランジスタ（1947年））、地理情報システム、クラウドコンピューティング・・・）。宇宙技術（スプートニク：1957年）、ロボット技術（産業用：1980年代）、ナノテクノロジー（1974年）。そして、1953年のDNA2重らせんの発見の後、ようやく最近になって、ヒトの遺伝子情報（ゲノム）の完全解読、遺伝子組み換え農産物の市場への出回り、ES細胞、IPS細胞技術にいたり、細胞の分化状態の記憶の消去や自在な書き換えを行うバイオテクノロジーの新時代が始まろうとしている。

なる局面の中にある。とくに、専門家や、専門業者による各種の偽装の社会問題化、単純な「開発」を良しとする思考への反省、さらには、3-11東日本大地震での原発大惨事の後の、専門家や、政府の対応への国民的な疑問などが示すように、科学技術社会の中で『再帰化』への国民的願望が潜在し膨張しつつある。それは、「専門家による、もしかしたら専門家のための色彩が濃厚な」現代科学技術社会システムの方向決定プロセスへの疑問である。これに応えるものは、国民の疑念を十分晴らしたうえで価値判断が行われるような、これまでの「民主的」という言葉だけではあらわしえないプロセス、すなわち、行ったり来たり、実行したり改めたりという「議論の中から本当の問題や課題をはっきりさせていくプロセス」（これを、ウルリヒ・ベック（1997）にしたがって『再帰的な』プロセスと呼んでおく）の制度的実現である。それは民主主義のさらなる進化形であるともいえる。

　すなわち、「近代の作り直し」とは、①「高炭素金縛り状態」にある社会的物質代謝システムの作り直しと、②これまでの制度の作り直しによる再帰的な民主主義の実現、の二つを含む、まさに現代的な課題である。

（3）社会的物質代謝系の総体的低炭素化と「政策統合」

　社会的な物質代謝系の総合的な見直しにおいては、技術的なシステムとそれを運用する社会関係のシステムとの関係を見定めておく必要がある。2000年代に入り、主にヨーロッパのSTS（科学技術社会論）や、進化経済学、産業経済学や社会学などの分野の研究者から、社会を持続的なシステムへと移行するためには、斬進的（incremental）修正だけではなく、変革的（transformative/innovative）な改革と、社会-技術的移行（socio-technical transition）を達成する必要があるとする主張がなされるようになった。中でも、温室効果ガスの削減提案で先行した欧米の研究者たちによって提唱されてきた、技術と経済および制度の一体構造に起因する前述の「高炭素金縛り（カーボン・ロックイン）」状態（Unruh, 2000, 2002）の議論は重要である。

　問題は、高炭素型の技術体系とそれに従って展開し前者を維持する体系として存在する制度や慣習の体系を「低炭素のシステムに移行」（Low-carbon transition）させるためにはどうするかである。この視点に立つとき、これまで、合理的な所轄分掌として構成されてきた行政の組織体制については、高炭素状態に適したものであっても、低炭素化を推進できる構造ではないという視点から、見直しが必要とな

る。すなわち、これまでしばしば縦割り批判が叫ばれてきたが、あくまでも、古いパラダイムのもとでの最適構造が新しい課題にふさわしいものでないときに、縦割り問題が発生するわけであり、縦割り一般ではなく、低炭素システムへの移行を組織していくプロセスとしての縦割りの解消と再組織化が課題であるはずである。

　国レベルでは、環境省所轄事項でも、地球温暖化、廃棄物問題、生物多様性問題などが並列的に取り組まれており、その統合がなされていない。しかし、廃棄物処理においてますます重要となっているエネルギー回収は、従来ほとんど温暖化対策とリンクされてこなかった。もしも本格的なリンクを考えるのであれば、事業用の高効率発電所とのコラボレーションなど、より本格的な検討が必要になる。しかしそのような課題は、環境系部署にとっても、またエネルギー系にとっても、日常業務とはかけ離れたわずらわしい作業となるため、ほとんど顧みられることはない。削減効果としては比較的瑣末ではあるが、このような事象が高炭素金縛り状態の特徴である。また、文化やライフスタイルにかかわる都市－農村連携や生活の質の議論は、自然環境の再生や生物多様性回復の課題とつながるものではあるが、現状では、あくまでも抽象的な連関であり、横断的な捉え方自体が開発課題であるともいえる。

　温室効果ガス削減に最も関連性の深いエネルギー・重化学工業分野においては、エクセルギー工学に基づく大幅な省エネルギープロセスの実現の提案（堤（2013）に至る諸提案）がある。しかしそのような本格的提案は、現状でのプラント産業の収益体系、投資・回収プロセスを大幅に変更させるものであって、現実性がないとみなされる。その一方で、二酸化炭素分離貯留（CCS）技術のように、安全性、信頼性、世代間倫理などの諸点からなおその妥当性が明らかではないままに、大型の開発がすすめられている技術もある。これは、CCSが石炭・石油関係者の生命線だからであり、現状の経済産業・政策システムの延長線上にあるものだからである。これらも、社会的なロックイン状態の現象である。

　縦割りの解消という課題は、さらに環境政策とエネルギー政策とのリンクはもちろん、農林政策とのリンク、道路・河川・下水道政策とのリンク、さらには総務省所轄の地方自治体政策や過疎対策などとのリンクないし政策統合においても求められている。2002年に閣議決定されたバイオマス・ニッポン総合戦略は、バイオマスに関して農林水産、経済産業、国土交通、環境などの各省庁を横断し、また、環

境とエネルギー、エネルギーと農林業、下水処理や国土管理、エネルギーと地域などをつなぐ統合的政策として、一時期、人々に期待を抱かせた。しかし、結果的には、畜産糞尿処理や切り捨て間伐、あるいは全く温暖化対策としての効果の見出されないバイオエタノール技術開発（堀尾（2007））などに予算を振り向けるための枠組みとなり、しかも、省庁連携の精神は薄まり、内容的にも、また、体制改革という点でも、人々の期待にこたえるものにはならなかった。さらに、公的資金によるバイオマス事業のほとんどが二酸化炭素をむしろ大きく増加させたという、総務省による「バイオマスの利活用に関する政策評価書」（2011）の衝撃的批判は正当なものであった。

（4）国民的領域の活性化と共−進化の必要性

　近代社会システムを、政体（polity）、産業・市場経済（economy）、地域・国民（community）の三つのジャンルにおける、それぞれ別種の交換形態に基づく社会関係のサブシステムから成るものと考えるとき、上記の金縛り（ロックイン）状態に直接的にかかわっているのは前二者である。すなわち、制度面および社会インフラを預かる中枢の「政体」＝「国家行政」と生産・流通を預かる「産業・経済」である。「地域・国民」のジャンルは、消費、雇用、投票による政治参加、地域資本・団体による経済活動、などの間接的な関与にとどまる。しかし、分散エネルギー時代には、地域に存在する自然資源としての再生可能エネルギーの有効活用が課題となる。また、省エネルギー、ライフスタイル、価値体系は、文化や国民の幸福感などに大きく支配される。「地域・国民」のジャンルは、上記ロックイン状態への直接的関与の少ない部分であるため、部分的には、技術革新性をもった低炭素な技術ニッチ（technological niches）と連携する傾向があり、カーボン・ロックイン状態の限界を乗り越えていく独自のダイナミックスをもつ。さらに、中央政府と地方政府の関係も、より分権的なものに変わらざるを得ない面がある。これらの側面は、すべて、多様なステークホルダーから成る「地域・国民」のジャンルに深く関係しており、そのジャンルの関与なしに社会の変革は不可能であると言える。

　産業・市場ジャンルと地域・国民ジャンルとの大きな違いは、前者においては顔の見えない取引や金銭関係での契約が前提であるのに対し、後者においては、顔と名前が相互に確認され、家族や地域や友人の「絆」を主とする社会関係であること

であり、手法的にも大きく相違している。従来、多くの環境事業は、税制、規制、市場原理を利用した誘導（エコポイントなどの指標付け；固定価格買い取り制度など）が大半で、地域・国民を対象としたものは、啓蒙的・教育的アプローチか、あるいは、倫理的意識に訴えるものであった。地域・国民を十分なインセンティブを自覚した主体として巻き込むような事業は、ほとんどなかったのではないかと思われる。

　このような理解の重要性が、英国ほかヨーロッパの研究者によって強調されるようになったのは、まだ 2000 年代中葉以降のことである。すなわち、技術システムを取り巻く社会 - 経済制度（socio-technical regime）、それらを取り巻く広い意味での政治や社会的・文化的価値観（landscape）の、多階層的社会構造（multi-level perspective）の中で捉えることと、それらが一体となった、社会 - 技術シナリオ（socio-technical scenario）構築の重要性が示されてきた（Smith, et al., 2005, Hughes and Strachan, 2010；Foxon, 2011）。この議論は、最近になって、2012 年のリオ＋20 を契機に提案された ICSU（国際科学会議 International Conference on the Unity of the Sciences；；http://www.icus.org/）によるフューチャー・アース（Future Earth；地球の未来）プログラム（2013-2022）の基本コンセプトにも共通する「共－進化（Co-evolution）」の考え方に発展している。すなわち、フォクソン（Foxon（2011, 2013））は、変革的改革はミクロレベルのニッチから生まれるとして、そこに関与するであろうアクターが共に進化していく共 - 進化という要素も含めた、社会 - 技術的移行（socio-technical transition）のシナリオの重要性を主張し、イノベーションを後押しする、例えばサプライチェーン、あるいは生産者と消費者の関係性を再構築するような場（Transition Arena or Action Space）の設定が考えられるべきだとしている。

　このような参加型の取り組みが必要になっていることは、（2）で述べたように、20 世紀中葉から後期における現代科学技術の状況：直線型の近代化が限界に達し、「再帰的な近代化」（ベック（1997））の時代に入ったことに対応している。

　理工学的技術については、すでに直線的近代化が限界に達したといえる。しかし、同じことは、社会的な課題についてもあてはまる。社会的な課題に関する技術的・実践的アプローチを「社会技術」と呼ぶならば、これまでの社会技術は、中央政府といった「強い主体」による「直線的・一方向的なアプローチ」であった。これからは、それらだけではなく、多様な主体や市民を能動的・自律的に巻き込み、対話と熟議のなかから創発（emerge）する「再帰的・共 - 進化的なアプローチ」であり、

社会全体を本格的に内発的で持続的な形に変革していく技術だといえる。ヒューとストゥラチャン（Hughes-Strachan (2011)）は、これまでの低炭素化のために提案された英国、日本および国際機関による21のシナリオを検討し、まだそのほとんどが技術主義的・直線的であり、多数のステークホルダーが共に進化する共－進化のシナリオになっていないことを指摘している。

共－進化の必要性は、上記の三つの社会サブシステム、政体、産業・経済、地域・国民が上下関係ではない形でともに進化・変革していくことにもあてはめられるし、さらにミクロな地域における行政、地域産業経済界、地域住民についてもあてはめられるべきものである。

(5) 領域設置時点におけるわが国の多様な「壁」と領域設計の要点

いずれにしても、本領域設立の平成20年段階で、わが国の環境－エネルギー関連のプロジェクトはいくつもの壁にぶつかっていた。

1) 気分のエコ

すでに述べたように、京都議定書の約束期間（2012年まで）を超え、2050年にむけた削減のスケール（60-80%）の確認も、また、それへのシナリオも見極めないままの温暖化対策に終始していたこと（上述）であった。

　その状況に大きな変化が表れはじめるのは、本領域の公募開始（4月）後の、2008年6月9日、福田首相（当時）による2050年までに温室効果ガスを1990年比で60-80%削減するという目標設定であり、その後の「行動計画」の提示であった（2010年に閣議決定された「地球温暖化対策基本法」では、温室効果ガスの排出量を2020年までに1990年比で25%、2050年までに同比80%削減する目標を掲げた）。本領域では、大きな流れを見越し、6年間という期間にわたって陳腐化しない課題設定を行うため、あえて政府の公式発表以前に、60-80%削減のためのシナリオ開発を課題とすることを掲げて公募に入った。

2) 縦割り・政策統合不在

縦割りは地方行政にも及んでいたことは当然であるが、それに加え、エネルギー問題は自治体から遠い所に置かれていた。もちろん、地球温暖化対策への取り組みの中で、再生可能エネルギー導入への自治体発の取り組みが始まっていた。すでに1992年、国連の主催で開かれた「持続可能な未来のための世界会議」参加

42 カ国 200 以上の自治体と、国連環境計画（UNEP）、国際自治体連合（IULA）などの提唱で創設された ICLEI（国際環境自治体協議会：International Council for Local Environmental Initiatives、現在は、「ICLEI －持続可能性をめざす自治体協議会」）と、1992 年に開催された「環境と開発に関する国際連合会議」（UNCED; リオ地球サミット）の「環境と開発に関するリオ宣言」宣言実現のための行動計画「アジェンダ 21」は、持続可能性実現における地方公共団体の積極的な役割を引き出すことを重視し「ローカルアジェンダ」を提出して地域での合意形成を促していた。それを受けた ICLEI Japan は先進的な活動を開始しながらも、環境省所轄という縦割りの中での限界に直面し、改組を重ねてきた。

　自治体の中では、とくに東京都の場合、2002 年 1 月に東京都環境基本計画を、また、2006 年 3 月には 2020 年を照準にした「東京都再生可能エネルギー戦略」（Tokyo2020）（東京都，2006）を策定し、削減目標を事業者に課して排出・削減取引を行わせる中で、GHG 削減を進めるキャップアンドトレード制の導入など、他の自治体の微温的な施策とは対照的で、積極的な施策を実施してきた。しかし、その他の大半の自治体においては、微温的な目標設定とシンボル的な事業が行われていればまだましであった。

　したがって、本領域設計においては、多様な環境—エネルギー関連課題を「石油漬けの近代の作り直し」（この言葉自体の公文書への記載は領域設置後になる）という視点から統合的にとらえていく試みを推進することとした。

3）収奪/寄生型事業 vs. 自治体ガバナンスの弱体化、そして専門家の「上から目線」　再生可能エネルギー分野においては、（2）の政策統合の欄に前述した、バイオマス事業や小水力分野の補助金体質の寄生的事業の横行にもまして、風力分野で、地域への説明会もないままに開発が進められ、居住施設等から 200m も離れていないような地域資源収奪型ともいうべき事業が乱立し、低周波騒音問題等を引き起こし、総体としてわが国の風力発電の普及に暗雲を投げかけてきた（堀尾，2011）。すなわち、これらの分野では、前記三つのサブシステムのうち国と産業界の連携が強固過ぎ、地域・国民の立場が守られていない構造が露呈していた。地方分権改革が叫ばれる中で、財政破たん回避と合併を急ぎ、かえって、地域のガバナンスの喪失に直面した自治体も多い。また行政の広域化のもとで、再生可能エネルギー事業を含め、新規事業実施の人材は大幅に不足していた。

さらに、これらの状況に連動して、①地域行政はともすれば国の方に依存し、②大学や研究機関はそのような行政と組んで、地域・住民側に啓蒙的な上から目線で対応し、③行政の委託を受けるコンサルタント会社等も同様な姿勢で地域問題に取り組む傾向が濃厚であった。さらに、市民代表とはいえ、NPOの多くも、地域住民との関係においては、啓蒙的上から目線である場合が多いだけでなく、外部者であることを忘れて地域を代表する立場を取ろうとしたり、あるいは、地域に居住することで地域主体となれるなどの幻想を抱く傾向もあった。これらはすべて、（3）で議論した共 - 進化の必要な時代の要請からはるかに遅れた傾向であった。

したがって、本領域設計においては、「地域に根ざす」ことを重視し、三つの社会サブシステムのうちではまだ最も解明の遅れている「地域・国民」の側に直接関係する、「顔と名前の見える分野」への挑戦を試みることとした。

4）適正技術・社会技術の不在

再生可能エネルギープロジェクト、省エネルギー・スマートエネルギープロジェクトを通じて、技術主義的傾向が強く「適正技術」の視点、および、「社会技術的」アプローチが脆弱で、その結果、地域に根付かない事業が多発していた。すでに「バイオマス・ニッポン総合戦略」などで地域での取り組みの重要性が指摘されていたことも反映し、「社会」、「地域」といった形容詞をもつ事業が2000年代中盤から多数始まるようになった。たとえば、NEDOの「バイオマス地域システム化実験事業」（2005(平成17)年—2010(平成22)年）では、全国各地で、地域を巻き込んだシステムの実証実験が行われている。しかし、残念ながら、そのような事業の多くが失敗とみなされている。その原因は、「地域システム化」や「社会システム化」を目指しながらも、適正技術の視点を欠いた新規技術や新規コンセプトの実証が主課題で、地域の中にこれら技術要素を点在させ、それをマス・エネルギーフローとしてつなぐことだけで「地域システム化」「社会システム化」を進めようとしたために、地域からの良好な協力支援活動があった場合でも技術的経済的に破たんしたもの、地域の農畜産業などの物質代謝との整合性がないこともあって地域の反発等に会い破たんしたもの、地域が受動的対応に終始したものなどがある。適正技術的な視点と、計画段階からの地域のステークホルダーとの十分なすり合わせは、これからの事業の必須課題であった。

したがって本研究領域設定に当たっては、あくまでも社会技術的な課題を優先し、

それに必要な限りでの適正技術開発に予算の許す範囲でかかわるものとした。

5) 地域・市民主体の形成不足

すでに述べたように、「啓蒙」的環境教育が主で、地域や市民が主体的担い手となるインセンティブの明確な脱温暖化事業を形成していく道筋は、見出されていなかった。

近代社会を構成する、政体・国家（Polity: 法、税制、財政、規制）、産業・市場（Economy: 技術・産業を含む）、地域・国民（Community）の三つのサブシステムの存在は前述したとおりである。それぞれのサブシステムは互いに重畳しながらも独立性をもち、しかも他を必要とし、たがいに支え合う。この三つのサブシステムに関連して、政策的アプローチにも三つの分野があると考えられる。これまで、温暖化対策のアプローチの多くは、補助金などの財政支出、環境税等の税制、RPS 法や FIT（固定価格買い取り制度）などの規制といった国家・行政分野のアクション、その枠組みのもとでの排出権取引、エコポイント、あるいは FIT に基づく事業といった市場分野の「顔や名前の見えない」メカニズムに落とし込む手法や、各企業の自主努力や CSR などは試みられてきたものの、国民が本気で大幅な温室効果ガス削減と気候変動対策に取り組む「顔と名前の見える」アクションの試みは、雰囲気重視のものや、環境倫理的な意識に訴えるもの以外には、ほとんどなかった。すなわち、従来型のトップダウン的な方法ではない、地域住民等までをも含む関係者が期待感をもって参加できる、内発的な「共－進化」的方法の開発が欠けていたのである。

そこで、本領域のプログラム設計においては、市民・住民・人々の顔の見える関係を重視し、そこからこそ新たな市場や制度を形成する価値基準がもたらされ、高炭素金縛りのカーボン・ロックイン状態から低炭素の制度と市場を形成する圧力の形成が可能であるとし、そのための社会技術的シナリオの開発を重要な課題と位置付けたわけである。もちろん、国、および企業は、国民の側におけるそのような変化を促し、それに乗じつつ、新たな制度や市場を形成していくことができる。『地域に根ざした』というこの領域の名称の意味はここにある。

地域に根ざした脱温暖化へのアクションでは、地域が自らのインセンティブにおいて主体的に行動する状態を実現することをめざす。その主体性は、倫理的に要請されるだけのものではなく、自らの利益を自覚した自律性でなければならない。長期にわたる石油漬けの近代化は地方を中央に従属させてきた。とくに中山間地域の

多くは、都市側にとってもはや「いつか帰るふるさと」としてさえ意識されていない状況に置かれている。しかし、社会の長期の持続性を考えるとき、国土の大半の面積を占める農山村が新たな意味を持つ可能性があることはすでに論じた。そうであれば、そこに暮らし、土地をもち、その風土をよく知っている地域住民は、次の時代の重要なプレイヤーとなる可能性がある。したがって、「啓蒙」的・倫理的環境教育手法は重要ではない。「「脱温暖化」に通ずる「石油漬け近代のつくりなおし」が市民の生活を守り幸福度を高めることを市民自身が発見する」、という形で、市民の自発性が引き出され、その中から、市民が主体の事業やビジネスが展開し、行政・市場を巻き込んで「量的」効果を発揮していく、というシナリオが求められる。

　したがって、プロジェクト担当者には温暖化問題を上記のようにとらえていくことを求める一方、プロジェクト側が地域住民等に対して「脱温暖化」教育を行うようなことは特に求めないという方針を採用することとした。

　さらに、「地域に根ざす」を考えるとき、外部者と地元との関係の問題が最も重要となる。永らく、地域に入ってきた研究者たちは、その多くが地域を対象とみなし、地域と一体になって問題を解決することはなかった。他方、地域とともに問題を献身的に解決してきた人々もおられる。しかし、しばしばそこでの関係は、外部者が地域を「啓蒙」するという、まさに直線的近代の論理であったのである。本領域運営においては、このような側面についての議論も行ってきた。

　以上、本研究開発領域設定に当たっては、これまでの我が国の環境関連事業が陥っていた数々の課題を意識しつつ、可能な範囲から明文化して目標設定・課題設定を行い、プロジェクトとともに、またプロジェクト外の関係者や一般の反応をいただきつつ考えていくこととなった。

（この部分は、堀尾（2014）の「1. 地球温暖化の歴史的意味と現代科学技術社会の課題」
　を一部修正したものである。）

1－2．研究開発領域の目標及び概要

1－2－1　研究開発領域の名称と目標

　JST 社会技術研究開発センター（RISTEX）は、平成 19 年に、目的達成型のファンディング組織として社会の問題の解決に資する研究開発を効果的に推進することとし、広く多分野多方面の関与者の参画を確保する運営を実現する、自然科学と人文社会科学との連携研究を推進する、という方針に大きく舵を切った。本領域の設立にあたっても、前領域の単なる継続、という位置づけではなく、スクラップ・アンド・ビルドを基本に、環境分野の新たな研究開発領域として「持続可能な地域社会システム」実現を目指すこととなった（JST-RISTEX, 2008）。なお、平成 19 年以降、社会技術研究開発センターでは、以下のような研究開発を重視する、としている（RISTEX 要覧 2013-2014）。

- 社会の具体的な問題を解決するための研究開発であること。
- 従来の個別分野では対応しきれない問題に対し、人文・社会科学、自然科学にわたる科学的知見を用いて、方法論の構築・現場における実践を行い、現状を変えていこうとする、分野横断型の研究開発であること。
- 研究者だけでなく、現場の状況・問題に詳しいさまざまな立場の「関与者」と連携し、具体的な現場における社会実験を行い、PDCA サイクルを徹底し、問題解決に役立つ新しい成果を創り出す研究開発であること。
- 研究開発から得られる具体的な成果を、社会に還元し、実用化（実装）することを強く意識した研究開発であること。

　平成 19 年度を通じ、環境、経済、地域社会を主要なキーワードとして、主要な関与者のインタビュー、それらを踏まえた、一層の現状把握や解決すべき具体的問題を整理するために、特に「持続可能な地域社会システム形成のための主体形成」「生態系、生物多様性と地域社会システム」「環境配慮型社会に向けて」「地域における大学の役割」「エネルギーと地域社会システム」「都市におけるまちづくり」の 6 つテーマに分けたワークショップ（ファシリテーター：堀尾正靭）が行われた。それ

らの結果を踏まえ、RISTEX として、その運営体制も含めた事前評価が行われ、平成 20 年度の正式な設置に至った。

名称と目標は以下のように設定された。

    名　称　「地域に根ざした脱温暖化・環境共生社会」研究開発領域
    目標 1.　脱温暖化・環境共生に関わる研究開発を、総合的で横断的な新たな発想に基づいて、持続可能な社会システム実現のための取組みとして構想し、地域の現場においてその科学的実証を試みる。また、それらが国内外で有効に活用されるよう、一般化、体系化を目指す。

    目標 2.　活力ある地域づくりを、脱温暖化・環境共生の視点から再定義して進めるため、既存の取組みや施策、行政システム、制度等を科学的に整理・分析し、地域の新しい価値を見出すための分野横断的かつ内発的な計画・実践手法、新しい価値の評価手法、およびそれらの普及方法を開発する。

1−2−2　研究開発領域の概要

　領域発足後、最初に取り組んだのが、上記目標の具体的な意味づけや、それを達成するためのアプローチの設計であった。

　公募にあたっては、上述したように、国内外で温室効果ガス削減の大きな目標が示されつつある一方で、社会的には量的効果を見極めない取り組みに終始しており、それで十分といった雰囲気があるなかで、その壁を大きく乗り越えるための新たな挑戦を意図して設立された社会技術研究開発領域プログラムであること、またそれを実現するための研究開発プロジェクト提案でなければならないことを強く訴える必要があった。また、そういう観点で RISTEX が当初掲げた上記 2 つの領域目標を見た場合に、その趣旨を必ずしも明確に伝達するものとはなっていない、という問題にも直面することとなった。

　そのため、本領域プログラムでは、多様な環境問題を「石油漬けの近代化」の帰結として総合的にとらえ、大目標として、2050 年までに温室効果ガスの 60-80%

削減を実現するために、エネルギーからサプライチェーンまでを含む社会の大幅な低炭素構造への作り直し、すなわち「石油漬け近代の作り直し」を掲げた。それらの根底には、理工学技術の問題だけでなく、ガバナンス分野（政策統合を含む）、経済産業分野、国民・地域コミュニティ分野それぞれにおける大きな社会技術的課題がはらまれているものとし、量的効果を主張できるシナリオの開発を課題として、これまでの微温的な環境プロジェクトの限界を打破していく、というアプローチを周知徹底していくこととした。また、そういった研究開発プロジェクトを推進するなかで、プログラム総体として、高炭素な社会基盤で金縛り（ロックイン）状態になっている社会を、地域・コミュニティレベルから、確実にかつ持続的に低炭素へと移行させていくための新たな研究開発の方法論の確立と、そういった新しい潮流の形成を試みることを使命とした。図1－1は、それを領域プログラムとして徹底するために領域内外に示してきたプログラムガイドラインである。

図1－1「量的効果」のある研究開発を「地域に根ざして」行うためのガイドライン

そのうえで、以下の4つの課題を重視し、結果的に、9件の企画調査と、表1－1に示す7件のカテゴリーⅠ、10件のカテゴリーⅡプロジェクトをあわせ、合計17件のプロジェクトを採択した。（採択プロジェクトの地域分布図は図1－2）。

1）脱温暖化戦略に基づく農山村再生モデルの開発
2）脱温暖化戦略に基づく地方の中規模都市活性化モデルの開発

3）現行のバリューチェーン、サプライチェーンの低炭素化シナリオの開発
4）横断的脱温暖化戦略に基づく人材育成・教育モデルの開発
　なお、カテゴリーⅠ、カテゴリーⅡは以下のように定義した：

【カテゴリーⅠ】問題解決のために必要な調査研究などを行い、選択肢の提示、政策提言などをアウトプットとするもの
【カテゴリーⅡ】問題解決のための技術（システム）・手法の開発と実証を目指すもの

表1－1　研究開発プロジェクト

カテゴリー※1		研究開発プロジェクト	代表者	所属	期間
平成22年度採択	I	環境に優しい移動手段による持続可能な中山間地域活性化	大日方 聰夫	NPO法人 まめってぇ鬼無里 理事長	H22.10～25.9
		都市部と連携した地域に根ざしたエコサービスビジネスモデルの調査研究 ※2	亀山 秀雄	東京農工大学大学院 工学部 教授	H22.10～24.9
		環境モデル都市における既存市街地の低炭素化モデル研究	宮崎 昭★	九州国際大学 教授／大学院企業政策研究科 教授	H22.10～25.9
	II	I/Uターンの促進と産業創生のための地域の全員参加による仕組みの開発	島谷 幸宏	九州大学大学院 工学研究院 教授	H22.10～25.9
		Bスタイル：地域資源で循環型生活をする定住社会づくり	田内 裕之	独立行政法人森林総合研究所 四国支所 客員研究員	H22.10～25.9
		地域再生型環境エネルギーシステム実装のための広域公共人材育成・活用システムの形成	白石 克孝	龍谷大学 政策学部 教授	H22.10～25.9
		主体的行動の誘発による文の京の脱温暖化	花木 啓祐	東京大学大学院 工学系研究科 教授	H22.10～25.9
平成21年度採択	I	地域間連携による地域エネルギーと地域ファイナンスの統合的活用政策及びその事業化研究	舩橋 晴俊★	法政大学 社会学部 教授	H21.10～24.9
	II	快適な天然素材住宅の生活と脱温暖化を「森と街」の直接連携で実現する	田中 優★	一般社団法人 天然住宅 共同代表	H21.10～25.9
平成20年度採択	I	環境共生型地域経済連携の設計・計画手法の開発	黒田 昌裕	東北公益文科大学 学長（～H24.3）／科学技術振興機構 研究開発戦略センター 上席フェロー／慶応義塾大学 名誉教授	H20.10～24.3
		地域共同管理空間（ローカル・コモンズ）の包括的再生の技術開発とその理論化	桑子 敏雄	東京工業大学大学院 社会理工学研究科 教授	H20.10～25.9
		滋賀をモデルとする自然共生社会の将来像とその実現手法	内藤 正明	滋賀県琵琶湖環境科学研究センター センター長	H20.10～24.3
	II	小水力を核とした脱温暖化の地域社会形成	駒宮 博男	NPO法人 地域再生機構 理事長	H20.10～25.9
		地域力による脱温暖化と未来の街－桐生の構築	宝田 恭之	群馬大学大学院 工学研究科 教授	H20.10～25.9
		名古屋発！低炭素型買い物・販売・生産システムの実現	永田 潤子★	大阪市立大学大学院 創造都市研究科 准教授	H20.10～25.9
		中山間地域に人々が集う脱温暖化の『郷（さと）』づくり	藤山 浩	島根県中山間地域研究センター 研究統括監／島根県立大学連携大学院 教授	H20.10～25.9
		東北の風土に根ざした地域分散型エネルギー社会の実現	両角 和夫	東北大学大学院 農学研究科 教授	H20.10～22.3

※1　カテゴリーII：問題解決のための技術（システム）・手法の開発と実証を目指すもの
※2　本研究開発プロジェクトは「エコポイント制度を活用したエコサービスビジネスモデルの検証」としてH20.10～H22.9まで実施。H22年度、新規プロジェクトとして新たに採択されました。
★　代表者が交代したプロジェクトです。

●各プロジェクトの詳細は、本書、付録2を参照のこと。

第1章 研究開発領域設定の背景　25

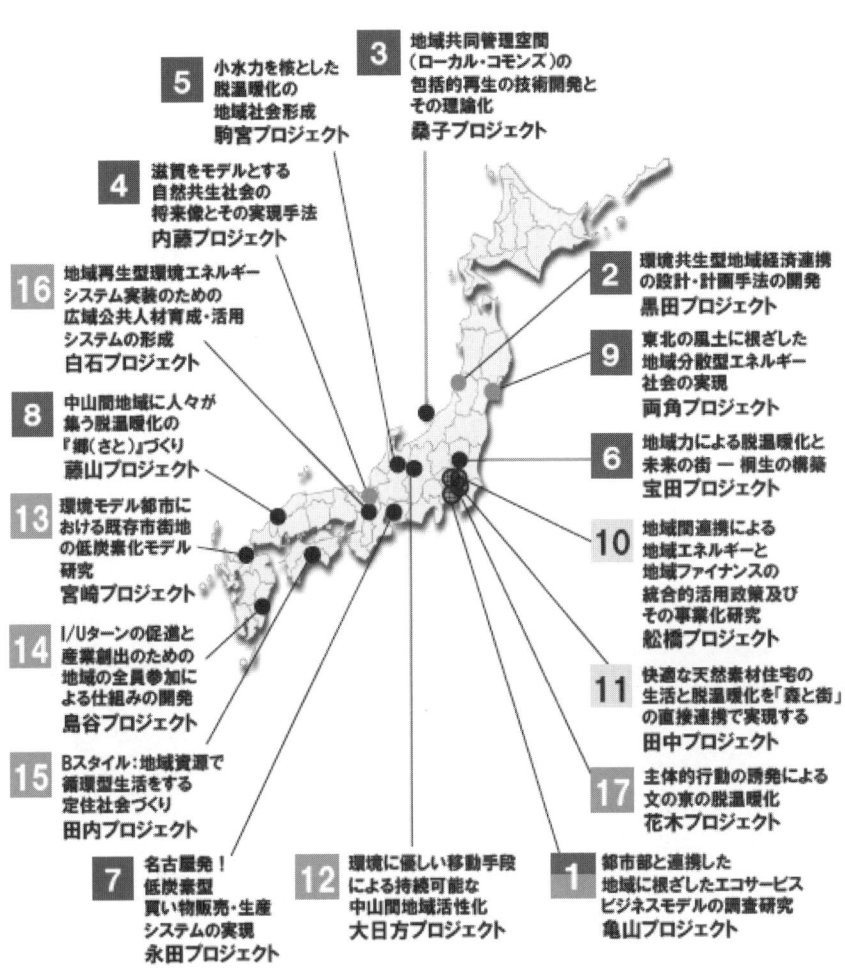

図1－2 研究開発プロジェクトと地域分布

1－3．研究開発領域・プログラムの運営

　本領域・プログラムは、社会技術研究開発センターで定められているように、領域アドバイザー（表1－2）の協力を得て、領域総括の責任のもと、運営・推進を行った（図1－3）。本領域アドバイザーの選出にあたっては、脱温暖化・環境対策を横断的に行う観点から、産・官・学・市民それぞれの母集団からバランスよく選出する、ということを重視した。また、「地域に根ざした」活動や現場的な課題に対し、的確な評価や検討、助言を行っていただくという観点から、いわゆる研究者のみならず、地域や市民レベルの活動に理解が深い現業（特に販売流通・金融・行政）従事（経験）者に参画していただくことに配慮した。その結果、本領域の総合的な研究開発を進めるのに必要な多岐にわたるベクトルを持ち合わせた、アドバイザリーボードを構築することができた。

表1－2「地域に根ざした脱温暖化・環境共生社会」研究開発領域　アドバイザー一覧

（敬称略　五十音順）

石川　祐二	城北信用金庫　審査部 個人ローングループ　副部長
宇高　史昭	NPO法人　木野環境　シニアカウンセラー 元京都市環境政策局勤務（2013年3月退職）
大久保　規子	大阪大学大学院　法学研究科教授
大谷　繁	東京大学大学院　理学系研究科　生物科学専攻　特任研究員
岡田　久典	早稲田大学　環境総合研究センター　上級研究員
金子　成彦	東京大学大学院　工学系研究科　機械工学専攻　教授
川村　健一	広島経済大学　経済学部　ビジネス情報学科　教授
崎田　裕子	ジャーナリスト・環境カウンセラー NPO法人持続可能な社会をつくる元気ネット　理事長 NPO法人新宿環境活動ネット　代表理事
杉原　弘恭	東京農工大学大学院　客員教授 元日本政策投資銀行勤務
藤野　純一	独立行政法人国立環境研究所　社会環境システム研究センター　主任研究員
百瀬　則子	ユニーグループ・ホールディングス株式会社　グループ環境社会貢献部部長
山形　与志樹	国立環境研究所　地球環境研究センター　主席研究員

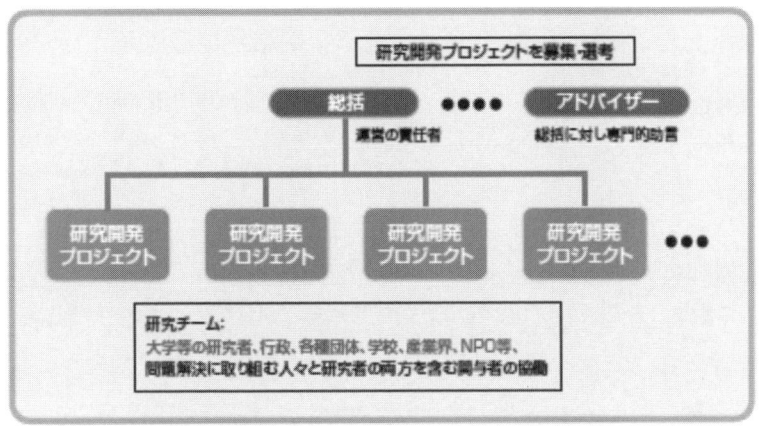

図1-3 研究開発領域・プログラムの体制（RISTEX要覧 2013-2014）

　また、領域・プログラムとして、個別プロジェクトの総合的かつ統合的な研究開発を支え、領域・プログラム全体としての成果を創出するために、領域運営の構造化にも努めた（図1-4）。

　具体的には、「チームマイナス80」を設置して、領域の掲げる大幅CO_2削減を具体的に実行するための手法に関する検討を行った。その結果に基づいて、個々のプロジェクトに対しても専門的視点からシナリオの定量化等についての支援を行った。また、プロジェクトに共通する横断的な課題に対し、複数のプロジェクトの実施者からキーパーソンを選出し、その課題に適任と思われる外部有識者や実務者もメンバーとして参画していただき、成果を生み出す体制として、「タスクフォース（TF）」を設置した。タスクフォースの概要は、以下のとおりである。

【地域分散エネルギータスクフォース】
　エネルギー自立地域の形成に関わる研究開発を実施する複数のプロジェクトが、地域に根ざした自然エネルギーを地域住民主導で導入し活用するために必要なことは何かを集中的に議論し、具体的成果に結び付けていくための枠組み。

【蓄電型地域交通タスクフォース】
　電気自動車（EV）と蓄電システムに基づいた地域交通の実現に向けて活動するための枠組み。

【I/U ターン等人口還流促進タスクフォース】
　中山間地域問題や I/U ターンに関わる複数のプロジェクトが抱える共通の課題を集中的に議論し、個々のプロジェクトの成果に結び付けていくための枠組み。

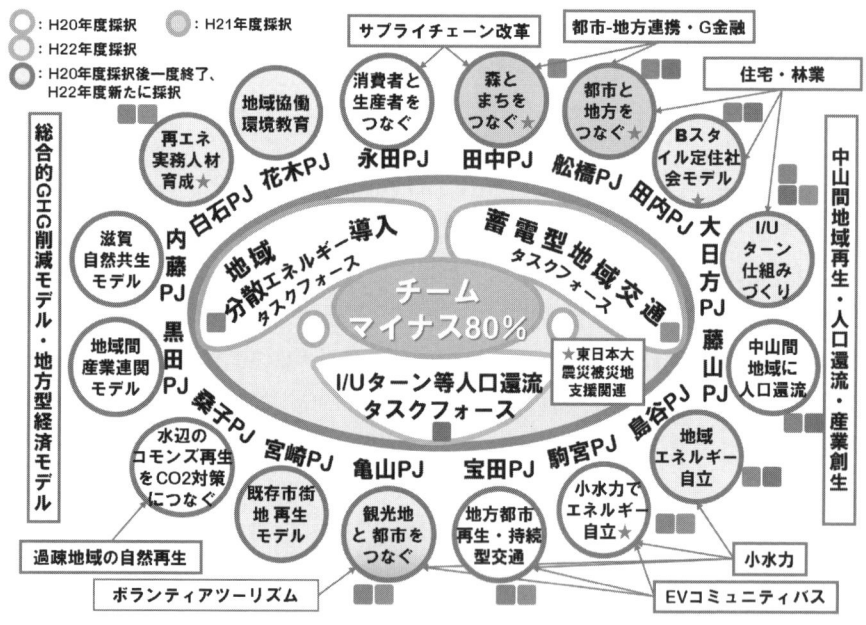

図1－4 領域の構成と運営体制

第2章 研究開発領域の成果とその検証

2－1．研究開発目標とその要素課題

　この章では、研究開発領域の成果を概観するにあたって、まず、領域の二つの目標をプログラム・マネジメントにおけるワーク・パッケージ（WP：タスク管理における作業のまとまり）として引用し、さらにそれを要素課題としてのサブ・パッケージに分け、それらについて、達成の状況を述べることとする。

　本プログラムのマネジメント・プロセスにおいて、プロセス工学もしくは情報システム系のワークパッケージといった用語と整理方法の使用が引き起こす機械的効果と思考の硬直化を避けるため、このような用語や概念の直接的使用は避けてきた。ただし、領域終了後に、成果を整理する指針にはなりうるため、ここでは目標に忠実に従って、領域の成果を概観してみる。

領域目標1

> WP1. 脱温暖化・環境共生に関わる研究開発を、総合的で横断的な新たな発想に基づいて、持続可能な社会システム実現のための取組みとして構想し、地域の現場においてその科学的実証を試みる。また、それらが国内外で有効に活用されるよう、一般化、体系化を目指す。

WP1 の要素課題は以下のようになる；

WP1-1　脱温暖化・環境共生に関わる研究開発を構想する。
　条件1　持続可能な社会システム実現のための取組みとして
　条件2　総合的で横断的な新たな発想
WP1-2　地域の現場においてその（持続可能な社会システム実現のための取組みの）科学的実証を試みる。
WP1-3　それら（持続可能な社会システム実現のための取組み）が国内外で有効に活用されるよう、一般化、体系化を目指す。

領域目標2

> **WP2.** 活力ある地域づくりを、脱温暖化・環境共生の視点から再定義して進めるため、既存の取組みや施策、行政システム、制度等を科学的に整理・分析し、地域の新しい価値を見出すための分野横断的かつ内発的な計画・実践手法、新しい価値の評価手法、およびそれらの普及方法を開発する。

WP2の要素課題は以下のようになる；
WP2-1　既存の取組みや施策、行政システム、制度等の科学的整理・分析
WP2-2　地域の新しい価値を見出すための分野横断的かつ内発的な計画・実践手法を開発する
WP2-3　新しい価値の評価手法およびそれらの普及方法を開発する
WP2-4　以上を総括し、脱温暖化・環境共生の視点から再定義して、活力ある地域づくりを進める

　以下、これらの細目ごとに、領域全体の成果と課題について、総括を行う。それらを参照しやすくするために、表2－1に全体の概要を一括して示す。ただし、記述の都合から、内容が重複する部分、記述順序を変更している部分などがある。また、各プロジェクトの成果の詳細については、各プロジェクトの研究開発実施終了報告書をご参照頂きたい。なお、各プロジェクトからは、次のような出版物が出されている：島谷ら（2012）、島谷ら（2013）、岡田（2012）、中嶋（2012）、中村ら（2013）、黒田ら（2012）、桑子（2013）、髙田（2014年）、永田（2014）、永田（2014）、おかいもの革命プロジェクト（2014）、相川（2012）、小田切ら（2013）。

第 2 章　研究開発領域の成果とその検証　31

表 2 − 1　領域目標と成果・課題一覧表

WP1 領域目標 1)

			主な成果	更に取り組むべき課題
脱温暖化・環境共生に関わる研究開発を、総合的で横断的な新たな発想に基づいて、持続可能な社会システム実現のための取組みとして構想し、地域の現場においてその科学的実証を試みる。また、それらが国内外で有効に活用されるよう、一般化、体系化を目指す。				
WP1-1	■脱温暖化・環境共生に関わる研究開発を構想する。			
	WP1-1-1	持続可能な社会システムのための新たな構想の展開	長期目標の共有	社会技術シナリオの定量的評価方法の開発
	WP1-1-2	GHG大幅削減の技術シナリオの開発	プログラムマネジメントに必要な80%削減シナリオ	
	WP1-1-3	社会変革ツールになりうる適正技術の開発	意識的な適正技術の議論継続と実例提示	低コスト導入パッケージの提供
	WP1-1-4	総合的横断的社会技術シナリオの開発	プロジェクトによる多様な社会技術シナリオの開発	
WP1-2	■地域の現場においてその（持続可能な社会システム実現のための取組みの）科学的実証を試みる。			
	WP1-2-1 WP1-1-4)	脱温暖化戦略に基づく農山村再生モデルの開発	①全国12県にわたる中山間地域でプロジェクトを実施できた	
			②地域に根ざした人口還流の初歩的仕組みの開発	実現性の検証
			③地域に根ざした人口還流に地域主体形成の視点が不可欠であることを提示	従来の中山間地域研究、過疎地対策を超えた、全国レベルの新たなパラダイム展開
			④地域の生存のための収入源としての地域ビジネスの設計・開発の試行	地域の現場における実験とその検証
			⑤集落等におけるガバナンスの改善の実施例（7例以上）創出	
			⑥大都市−地方間連携　舩橋PJ)	
			⑦滞在交流型ツーリズム　亀山PJ)	
			⑧地域生態系再生　桑子PJ)	
			⑨地域伝統文化再生	
	WP1-2-2 WP1-1-4)	脱温暖化戦略に基づく地方の中規模都市活性化モデルの開発	⑩脱温暖化戦略に基づいた地方中規模都市活性化モデル開発	
	WP1-2-3 WP1-1-4)	現行のバリューチェーン、サプライチェーンの低炭素化シナリオの開発	バリューチェーン、サプライチェーン低炭素化のための方法論の開発	ニッチから主流に至るための、大がかりなプラットフォームと社会的議論の形成
	WP1-2-4 WP1-1-4)	横断的脱温暖化戦略に基づく人材育成・教育モデルの開発	横断的な脱温暖化戦略を担える人材育成モデルの開発とその有効性検証	持続的に人材育成を展開するための仕組みの形成
WP1-3	■それら（持続可能な社会システム実現のための取組み）が国内外で有効に活用されるよう、一般化、体系化を目指す。		地域における主体形成のための方法論の一般化の試行	国内外で有効に活用されるためのマニュアルの出版やプラットフォームづくり

WP2 領域目標 2)

		主な成果	更に取り組むべき課題
活力ある地域づくりを、脱温暖化・環境共生の視点から再定義して進めるため、既存の取組みや施策、行政システム、制度等を科学的に整理・分析し、地域の新しい価値を見出すための分野横断的かつ内発的な計画・実践手法、新しい価値の評価手法、およびそれらの普及方法を開発する。			
WP2-1	既存の取組みや施策、行政システム、制度等の科学的整理・分析	環境・エネルギー課題への従来型アプローチの問題とその克服のために必要な研究開発課題を明示	領域内での成果の共有と統合
WP2-2	地域の新しい価値を見出すための分野横断的かつ内発的な計画・実践手法を開発する	地域の新しい価値を見出すための分野横断的かつ内発的な計画・実践手法の地域での実践	内発的方法における外部者の関与の在り方についての科学的研究による理論化
WP2-3	新しい価値の評価手法およびそれらの普及方法を開発する	新しい価値を評価する市民参加型の評価方法と普及方法の開発	科学的研究による理論化
WP2-4	以上を総括し、脱温暖化・環境共生の視点から再定義して、活力ある地域づくりを進める	脱温暖化・環境共生の視点から、新しい地域づくりの動きの創生	領域の成果のパッケージ化とその全国的普及

2−2. WP 1について

> WP1-1　脱温暖化・環境共生に関わる研究開発を構想する（条件1 持続可能な社会システム実現のための取組みとして　；条件2　総合的で横断的な新たな発想）

　条件1の「持続可能な社会システム」については、「脱温暖化」と「環境共生」が必要条件である。その「実現」には、「社会のサブシステムの共‐進化」が必要であり、そのためには、これまで遅れてきた地域・国民のジャンルの内発的な活力の向上（エンパワメント）を重視した取り組みの構想が必要であった。
　これを、条件2の「総合性」と「横断性」と「新規なオリジナリティ」のある研究開発として構想することを掲げた。

WP1-1-1　持続可能な社会システムのための新たな構想の展開について

■成果：長期目標を共有できた

　2008年、領域プロジェクトの公募にあたり、最大5年となるプロジェクト期間中に掲げたプロジェクト課題が陳腐化することのないよう、また、特定分野のみでの縦割り的な展開でなく横断的な展開が必要となるよう、「60−80％」という大目標にかかわる研究開発であることを応募者に明確に提示し、採択後も、ともすれば「気分のエコ」へと流れかねないプロジェクトに対して「量的効果[1]」を常に意識してもらうための条件を整えた。
　これまで、CO_2の削減計算などの経験のなかった多数のプロジェクト関与者が、その必要性を自覚し、理工学的ではない開発課題の意味について考え、試行的な計

---

[1]　「量的」というのは「定量的」ということではない。社会に受容され、広がっていき、大幅削減＝近代の作り直しという課題にこたえる方法論的潜在力を持つということである。

算等を行ったことは、2013年度段階においては十分な成果の一つといえると考える。

■課題：社会技術シナリオの定量的評価方法はまだ発展途上
　ただし、目標の共有は、それに対するアプローチ能力の具有によってはじめて意味をもつ。地域に根ざした社会技術的な脱温暖化を目標とし、シナリオを開発していくために、シナリオの定量的評価方法をもつことが必要であるが、それぞれの学問分野やコンサルタント業界の現状では、まだそれらが可能な状態にはなっていない。アクターネットワーク理論（ANT）、エージェント・シミュレーション（ABS）などの手法を使える研究者と、地域課題を共‐進化的に扱うことのできる研究者が、温暖化問題やその理工学的解決手法も学びながら行う新たな研究開発が今後必要であろう。

WP1-1-2　GHG大幅削減の技術シナリオの開発

■成果：プログラムマネジメントに必要な80%削減のシナリオを開発した
　開始後ただちに「チームマイナス80」を設置し、ざっくりではあるが、80%削減が技術的に可能であることの確認を具体的に進め、各要素技術等の重要性の見極めも行った。
　基本的には、寿命が10年程度で比較的短い自動車については2050年に向けた現実的置き換えの可能性は高いと言える一方、寿命が40年程度以上と考えられる住宅や建造物については、リノベーションを含む低炭素化のシナリオが必要であることが分かった。成果の一部は、Applied Energy誌に掲載されている（Shigeto et al.(2012)）。

WP1-1-3　社会変革ツールになりうる適正技術の開発

■成果：適正技術の議論を継続的に行い、EVおよび小水力の分野で実例を示した
　WP1-1-2で示したGHG大幅削減シナリオ開発の過程で、各要素技術等の重要性の検討を行ったが、交通部門においては、電気自動車が大きな鍵を握ることがわか

り、具体的なアクションの方向性を、見極めることとした。

　まず、大手 EV メーカーや関連ベンチャー企業へ、EV 開発の現状や戦略の把握を行った結果、改めて CO_2 排出削減への EV の大きな効果を確認した。また、大メーカーの状況について理解し、ベンチャーの可能性や設計の要点についての感触を得ることができた。とくに、8 輪 EV Eliika の開発で有名な慶応義塾大学（湘南藤沢キャンパス）の清水浩先生には、EV 時代のモーター開発と車両のスケールアップについて、貴重なご示唆を頂いた。その後、適正技術概念による蓄電型地域交通の可能性を探り、低速交通（スローモビリティ）の適正技術としての意義を明らかにした上で、本格的に本領域プロジェクトとの共有を行うため、2009 年 5 月には「蓄電型地域交通タスクフォース」を設置するに至り、EV コミュニティバスの開発の検討を開始した。さらに、領域終了後も持続的発展・普及ができ、EV コミュニティバスの地域における活用方法も含めた「パッケージ」で提供を行えるよう、2010 年 7 月に一般社団法人「蓄電型地域交通推進協会（FORTES）」（http://www.fortes.jp/）を発足させた。

　しかし、当初、車両を製作する予定であったゼロスポーツ（株）が 2011 年に入り経営破たん（その後再建）した。このため、急きょ宝田プロジェクトと調整のうえ、群馬大学の次世代 EV 研究会で作成したマイクロ EV のインホイールモーターを使用した 8 輪車に構想を変更し、群馬県太田市のベンチャー、（株）シンクトゥギャザーと連携して、2011 年秋には試作車を完成させることができた。なお、駒宮プロジェクトで導入した車両については、ボディを富山県黒部市のメーカー、川端鐵工（株）が製作した。

　このように、地域の技術力を活用する形で、全国初の、8 輪全輪にインホイールモーターを搭載した 10 人乗り低速バス（eCOM-8®）が完成した。従来、EV にせよ小水力にせよ、地域おこし型の再生可能エネルギープロジェクトでは、人集めをめざして、高価格な見世物が作られることが多かったが、今回の eCOM-8® を製作したベンチャーは桐生市の後押しも得て桐生市に拠点を移し、受注も得られ始め、普及力のある「ほんもの」になりつつある（3－4 指針 1－2 参照）。

　このほか、小水力発電機における、本領域プロジェクトの試みは以下のとおりである。島谷プロジェクトの、地域における安価なペルトン水車のデモンストレーション、3D プリンターによる安価なペルトン水車（1kW 程度）の製造、被災地支援等

で効果を発揮した駒宮プロジェクトのピコピカ（5W 程度）。また、それらプロジェクトの活動を刺激し、後押しする役割を担ったのが、エネルギー自立地域の形成を課題とする複数のプロジェクトで領域横断的に形成した「分散エネルギータスクフォース」であった。本タスクフォースが主導する形で、飯田市の中小企業クラスターと連携してプロペラ式完全防水型発電機「すいじん」（2-3kW）を開発できたことも、重要な領域の成果である。これら「適正技術」としての小水力発電は、いろいろな地域での、プロジェクト形成のシンボルとなり、社会技術ツールとしての機能も確かめることができた（3－4指針1－2参照）。

さらに、領域で行ってきた先端的で他に類例の少ない試行的取り組みを、シンポジウムとは違った趣向で、オープンな形でざっくばらんに議論する少人数の会合、「4Eサロン」を開催してきたが、そこでも「適正技術」を取り上げ、白熱した議論を行うとともに、先進国においても適用できる概念として理論化を進めた（堀尾(2013)）。

■課題：低コストを実現するには低コスト導入パッケージの提供が不可欠

実際には、小水力発電の適正技術化には土木工事のコスト低減が重要である。これらを含めた低コストなパッケージの提供がこれからの課題である。

WP1-1-4　総合的横断的社会技術シナリオの開発

①再生可能エネルギーの導入、省エネルギー型交通システムの導入、省エネルギー・天然素材住宅の導入、等に基づく温室効果ガス 80% 削減シナリオ、②再生可能エネルギー利用を主体的に実現する場所としての中山間地域再生のシナリオ（集落の自律性を維持しながら I/U ターン者の大量受け入れのための手順（藤山プロジェクト）、百業と自伐林業による生存シナリオ、および、I/U ターンとそれに関連する全国連携シナリオ（田内プロジェクト））、③エネルギーの地産都消（舩橋プロジェクト）、木造天然素材住宅によるつながり（田中プロジェクト）、短期商材からのつながり形成（永田プロジェクト）、などによる都市-農村連携のいくつかのシナリオ、④再生可能エネルギー・省エネルギーのための適正技術の商品化による地域企業の新戦略シナリオ（島谷プロジェクト）、⑤流通過程の低炭素化を消費者の能動性を引き出しつつ行うリサーチャーズクラブのシナリオ（永田プロジェクト）、⑥地元学・ふるさと見分けな

どによる発見的地域主体形成シナリオ（藤山プロジェクト、宝田プロジェクト、桑子プロジェクト）、⑦市民参加型の定量性ある計画構築シナリオなどを開発した（内藤プロジェクト）。

> WP1-2　地域の現場においてその（持続可能な社会システム実現のための取組みの）科学的実証を試みる

■内容解説：
　これまで、温暖化対策のアプローチの多くは、補助金などの財政支出、環境税等の税制、RPS法やFIT（固定価格買い取り制度）などの規制といった国家・行政分野のアクション、その枠組みのもとでの排出権取引、エコポイント、あるいはFITに基づく事業といった市場分野の「顔や名前の見えない」メカニズムに落とし込む手法や、各企業の自主努力やCSRなどであった。しかし、国民が本気で大幅な温室効果ガス削減と気候変動対策に取り組む「顔と名前の見える」アクションの試みは、雰囲気重視のものや、環境倫理的な意識に訴えるもの以外には、ほとんどなかった。そのなかで、本領域の社会技術的研究開発としては、従来型のトップダウン的な方法ではなく、地域住民等までをも含む関係者が期待感をもって参加できる内発的な「共－進化」的方法[2]の開発を目指す必要があった。それが、「地域の現場における実証を試みる」の意味である。このように、本領域が目指したのは、中央政府といった「強い主体」による「直線的・一方的なアプローチ」ではなく、多様な主体や市民を能動的・自律的に巻き込み、対話と熟議のなかから創発する「共－進化的アプローチ」である。

2　すでにp.11、p.14にも述べたが、さらに補足する。2000年代より、温室効果ガスの削減提案で先行した欧米の研究者たちから、現在の非持続的高炭素社会システムを、現在の技術と経済および制度の一体構造から成り、部分的改善以上の低炭素化の展望をもたない社会システム（＝カーボンロックイン状態）（Unruh, 2000, 2002）ととらえ、持続的なシステムへと移行するためには、漸進的（incremental）な修正だけではなく、変革的（Transformative/ innovative）な改革と、社会-技術的移行（socio-technical transition）を達成する必要があると主張されるようになっている。その具体的方法として、変革的改革は、それに関与するアクターが共に進化していく「共－進化」という要素も含めた社会-技術的移行のシナリオの重要性が提案されている（Foxon, 2011, 2013）。

その際に、中山間地域の問題は重要である。長期にわたる石油漬けの近代化は地方を中央に従属させてきた。とくに中山間地域の多くは、都市側にとってもはや「いつか帰るふるさと」としてさえ意識されていない状況に置かれている。しかし、社会の長期の持続性を考えるとき、国土の大半の面積を占める農山村が新たな意味を持つ可能性があることはすでに論じた。そうであれば、そこに暮らし、土地をもち、その風土をよく知っている地域住民は、次の時代の重要なプレイヤーとなる可能性がある。そこで、領域としては、これまで脱温暖化対策としての位置づけはなされていなかった農山村再生の、温暖化対策における重要性の科学的根拠づけと、その方法論の開発を特に重視することとした。その各項目について、WP1-2 の視点を加味して、簡単に成果と課題を確認する。

WP1-2-1（WP1-1-4-1）脱温暖化戦略に基づく農山村再生モデルの開発

■内容解説：

　自然エネルギーに恵まれる一方、都市への人口流出に悩みつつ、「石油漬け」以前の文化的・生活スタイル的遺産をなお保持しており、住民自身にとって脱石油漬け社会のイメージが構築されやすい地域である中山間地域、農業・林業地域において、●再生可能エネルギーをキーワードにした再生のプロセスを設計する。それに関連して、●地域に根ざした人口還流の仕組みの開発、●地域の生存のための収入源としての地域ビジネスの設計・開発を行う。さらに必要に応じて、●集落等におけるガバナンスの改善、●大都市－地方間連携、●滞在交流型ツーリズム、●地域生態系再生、●地域伝統文化再生などと関連させたシナリオ開発を行う。

■成果 1-2-1（1-1-4-1）：脱温暖化戦略の視点から多様な中山間地域問題の総覧を行うことができた

■成果①：全国 12 県にわたる中山間地域でプロジェクトを実施できた

　中山間地域の現状は多様でありうる。そこで本領域は、全国各地方の中山間地域にかかわるプロジェクト提案を採択し、平成の大合併後の現状が広く見渡せることを意図したが、その条件を実現することができた。すなわち、桑子、藤山、駒宮、

田中、大日方、島谷、田内プロジェクトなど、明確に中山間地域とかかわったプロジェクトのほか、黒田、内藤プロジェクトのように地域産業連関モデルに基づく研究も農林業の問題にかかわっていた。また、グリーン電力の地産都消型モデルを検討した舩橋プロジェクトや南足柄での農業体験・滞在交流型ツーリズムを含め箱根・小田原・南足柄にまたがって展開した亀山プロジェクトも地方の課題と都市の課題を結び付ける構想において、このグループに入る。なお、地方都市である桐生も中山間地域を含んでいることから、主に前記第2項目にかかわる宝田プロジェクトでも中山間地と位置付けられる地区で地元学を実施している。

■成果②：地域に根ざした人口還流の初歩的仕組みを開発した

主として藤山プロジェクト自身の活動および領域との議論の中から、「一集落一年一世帯転入方式（若年・中堅層）」で十分なケアがなされる場合には人口を昭和30年代のそれに戻すシナリオも不可能ではなく、中山間地域側において人口還流への現実的な取り組みが可能であることが分かった。さらに、その課題を、地域の人々自身が主体となって議論し、新しい還流体制を意識的にスタートさせた。

■課題：実現性に関する詰めはなお必要

問題は、歩留まりや、病没等による減少があるため、恐らく、それ以上の母集団を確保していかないといけないことである。これに対しては、なおあいまいな結果にとどまっている。また、一般に、集落での議論は論理的に詰められたものとなりにくいとはいえ、何らかの規範となる約束ごとの導入方法が開発されるべきであった。領域としては再三の働きかけを行ったが、おそらく外からは計り知れない地域の現場での苦労もあり、現実的な議論のまな板に載せられなかったものと考えられる。ただし、藤山プロジェクト以外の他のプロジェクトにおいては、I/Uターン受け入れの方式についての目立った成果をあげることはできなかった（その理由は、研究開発活動の力点が別のところにあったことが大きいが、I/Uターンの量的規模感が十分各プロジェクトのものになっていなかった可能性もある）。このことを考えると、藤山プロジェクトがこれまでにない非常に難しい課題に挑戦し、一定の成果を上げたことは十分評価されるべきものである。しかし、理論化文書化はもっと試みて頂きたかった、というのが領域側の感想である。

■成果③：地域に根ざした人口還流を実現するため、地域主体形成の視点の重要性を示した

　多様なアクターの存在する地域社会への人口還流については、地域の内発性の重視がまず重要である。この点については、本領域タスクフォースの成果としてブックレット「地域分散エネルギーと「地域主体」の形成—風、水、光エネルギー時代の主役を作る」（小林久、堀尾正靱（編著）、公人の友社、2011）を刊行し、その中で、これまでの宮本健一、保母武彦、鶴見和子らのそれぞれ異なる内発的発展論およびこれまでの地域主体形成についての研究のレビューを行い、「地域主体形成」がどのような意味で新しい研究課題であるかも解明した。

　人口還流のスキーム設計についてはより科学的な解析も可能となるはずである。領域内においては、プロセス解析の手法を適用するための初歩的検討も行っているが、なお発表の段階には至っていない。

■課題：中山間地域研究、過疎地対策を超えた、全国レベルの新たなパラダイム展開が必要

　今回、本領域では、脱温暖化戦略の視点から中山間地域への人口還流を重要な課題と位置づけ、様々な視点から「地域に根ざした」農山村再生モデルの開発を行ってきた。本領域でもレビューを行ったように、内発的発展論は、中央集権に対する地域主義の流れで発展し、中山間地域研究、過疎地対策として重要な位置づけがなされてきた。ただし、社会を脱温暖化へ大きく転換する必要のある時代のなかでは、単なる地域主義に止まらず、全国レベルでの新たなパラダイムシフトを見据えた戦略の中でその位置づけを捉える必要性がある。イギリスで気候変動、健康、高齢化などの難しい社会的課題に対して、最も革新的（イノベーティブ）な解決策を試行し、全国の公共サービスに対して横断的に活動を展開しているNESTA（前 英国国立科学・技術・芸術基金）では、本領域と同時期に、地域に根ざした活動と、国家レベルの課題を、コミュニティが自らその解決を導き出し、また互いに学習し合う、というプロセスを重視しながら結びつけていくアプローチを「マス・ローカリズム」と定義し、温暖化対策に適用している。NESTAはその成果をもとに、これから国家レベルでも、トップダウンに代わるより経済的で効果的アプローチとして推し進めるべきもの、ととりまとめている（NESTA, 2010）。いずれにしても、このようなマス・

ローカリズムの研究は、日本ではまだ始まったところであり、新たなチーム構築と方法論的パラダイムの提示が必要である（3－4 指針2－1参照）。

■成果④：地域の生存のための収入源としての地域ビジネスの設計・開発を試行した

百業コンセプト、自伐林業、木造住宅供給における一気通貫モデルによる森への資金還流、地域エネルギーを利用した地域全員参加型企業等、領域がかなりの意図と期待を込めて各プロジェクトを励まし、提案当時のコンセプトをより具体化し、実現のための基本設計や方法論の開発、というところまでは試行できた。

■課題：地域ビジネス構想から地域の現場における実験を行うまでの道のりは険しく長い

コンセプトから現業への道はやはり厳しく、プロジェクト開始から4年（田中プロジェクト）、3年（島谷、田内プロジェクト）を経て終了したとはいえ、残念ながら意図した成果が十分上がったとは言えない。この課題に最も特化して取り組んだのは田内プロジェクトであったが、行政を含む、地元での実施体制の構築には苦労したようであった。また、島谷プロジェクトの場合は、対象地域（＝宮崎県五ヶ瀬町）での丁寧な「住民100人ヒアリング」や情報・文献・資料の収集と分析、地域が意識する課題への積極的協力（助産施設の問題を語り合う集まりの手助け）などにより、地域住民との信頼関係を確実に構築していったものの、行政との関係構築に時間を要し、プロジェクト期間内に地域全員参加の仕組みの実験を行うに至らなかった。ただし、田内プロジェクトを通じて進んだ自伐林業路線の拡大は、評価されてよいものと考える。自ら適切な時に適正技術で伐採を行うという自伐林業は、もともとは全国の林家の基本スタイルであったものであるが、大型林業機械を入れて広域・大量生産を行うという現行の政策は、補助金漬けの機械化貧乏を生み出したり、あるいは量産しても滞貨が起こって値崩れしたりという状況が発生している、という全国各地からの報告が上がってくるなかで、環境保全型で地域経済的にも持続性を持つ林業として全国から注目されるシステムに育った。3.11後の被災地支援では、岩手県大槌町吉里吉里地区において林業を主体とし、残材をエネルギーとして利用する地域団体が育ち、「NPO法人吉里吉国」が設立された。それをきっかけに、

岩手県陸前高田市、宮城県気仙沼市、石巻市などにこの様式が広がり、地域が主体性を持って取り組む形が出来上がっている。また、「被災地から全国展開へ」という流れで予想外の広がりも見せた。

　自伐林業は、もともとはNEDOバイオマス地域システム化実験事業の仁淀川プロジェクトのなかで、新たに形成された自覚的なグループ「NPO法人土佐の森救援隊」が、現行の政策の盲点を突く形で主張したものである。本領域は「土佐の森救援隊」と同一の見解をもつものではないが、上記のような近代化路線との関係性において、地域の富をどう守り自律的な事業につなぐかという視点から成果を評価することは重要であると考える（3−4 指針1−2参照）。

■成果⑤：集落等におけるガバナンスの改善の実施例を7例以上生み出した

　島根県浜田市弥栄（27集落、591世帯/2010年、621世帯/2013年）（地域のいくつもの区会が地元学の中から新規居住者受け入れの議論を行い、将来像を描くところまで成長）、長野県長野市鬼無里地区（合併後すべてを諦める気分が蔓延していたといわれる住民自治協議会が、長野市との小水力事業の交渉の中から脱皮；プロジェクト側も、ガバナンスの課題が最大と自覚するようになった）、宮崎県五ヶ瀬町（助産施設対策などから始まり、互いに距離のあった四地区が小水力導入等で互いに助け合う関係に；当初は距離を置いていた行政とも連携関係が構築された）、岐阜県郡上市石徹白地区（外部NPOの参入から始まったが、若いお母さんたちの活動を引き出すなど、地域の新しい活動を作りだした）、新潟県佐渡市（加茂湖をめぐる地域の対立を調整し、地域の多様な自主的活動を起こすとともに、石油漬けの近代化の中で自然破壊がすすんでいた加茂湖上流の天王川の多自然川づくり事業を実現した）、が、ガバナンス改善の事例としてあげられる。さらにプロジェクトの対象ではない地域にも、領域として確立した方法の移植を試みた。例えば徳島県佐那河内村からは、地元で忘れられている農業用水等を小水力利用の視点から、地元学に基づいた手法を移植した。具体的には、村役場・徳島再生可能エネルギー協議会と協力し、全集落から2〜3人の参加（総勢100名弱）を集め、学習会・地元学調査などを実施することとなり、地元学を実施した領域プロジェクトからも応援を頼み、全面的に支援を行った（3−4 指針1−3参照）。

■成果⑥:大都市 – 地方間連携

舟橋プロジェクトのテーマであり、東京都が推進中でもある。秋田での市民風力発電プロジェクトの進展はあるものの、成果という点では、現実の展開に十分追いつけていない感もある。

■成果⑦:滞在交流型ツーリズム

箱根、小田原、南足柄の関与者（鈴廣、箱根町・観光協会、南足柄の農業NPO等）をつなぎ、滞在交流型ツーリズムの企画設計を行った亀山プロジェクトの試み以外には、目立った成果はない。

■成果⑧:地域生態系再生

桑子プロジェクトは加茂湖の生態系の研究を掲げ、住民、行政、NPOの連携を呼びかけた佐渡島加茂湖水系再生研究所（カモケン）は本領域のプロジェクトが設置し、地元住民も参加して活動してきた。そのような中で、領域と共通する課題を扱う早稲田大学環境総合研究センターに拠点を置く産学連携研究プロジェクト（早稲田大学とブリヂストン）W-BRIDGEに、本プロジェクト関連のプロジェクトが採択され、加茂湖の「こごめの入り」の自然再生が実現した。さらに、新潟県佐渡市の事業として、加茂湖上流の天王川の多自然川づくり事業が進んだことも大きい。本領域としても誇ることのできる大きな成果となった。

■成果⑨:地域伝統文化再生

島谷プロジェクトでは、環境宗教学分野の研究者（兵庫県立大学、岡田真美子氏、合田博子氏ら）が土木工学分野の研究者とともに地域を歩き、とくに、二つの寺があり二つの地域に分かれている「三か所地区」において、両地区をまたいで流れる三か所用水の重要性に気付き、その歴史を調べる中で、実はこの用水は、一つの精神文化をもつ地域の用水であったのではないか、との仮説が生まれ現在もなお検討中である（三か所地区の地域住民の記憶からは消えているが、御神楽の中で出てくる猿の踊りからは、比叡山の使いとしての猿が読み取れ、地名（坂本）からも比叡山との関係がみられることから、古代における両地域の一体性が示唆されるなど）。なお、この研究者たちによる地元の方の聞き取りにより、「三ヶ所用水 井出番之記」が刊行され、用水に

対する当時の地域住民の思いがうかがわれる貴重な記録が得られている。このような歴史の掘り起こしにより、地元のみならず五ヶ瀬町全体に用水への関心が高まったという。これらが、用水路での小水力発電をはじめとした自然エネルギー導入へいろいろな試みが始まるきっかけになった。

地域の合意形成に間接的に資する材料として、このような事例の発掘は、近代の作り直しに有効である。

WP1-2-2（WP1-1-4-2）脱温暖化戦略に基づく地方の中規模都市活性化モデルの開発

■内容解説：

地方中規模都市を対象とし、市民・各種ステークホルダーの実利に基づくインセンティブを引き出しつつ、都市・地域のガバナンス力を高め、低炭素社会への変革の流れを作り出すため、シナリオ開発と社会実験を行う。ここで、シナリオ開発の段階自体からの市民参加も一つの社会実験であると考える。

■成果⑩：脱温暖化戦略に基づいて地方中規模都市活性化モデルを開発した

プロジェクトが関連した地方都市は、桐生、小田原‐箱根‐南足柄、北九州である。

これらの中では、宝田プロジェクトが突出した成果を上げ、地方大学をもつ地方都市において、大学がどう変わらなければならないか、行政がどう対応すべきかなどのモデルを作りだしている。宝田プロジェクトは、群馬大学工学部（現在の理工学部）の化学工学、機械工学および情報工学系の研究者と前橋にある社会情報学部の研究者と桐生市民が加わったプロジェクトである。群馬大学が核となり、「脱温暖化」をキャッチフレーズとしつつ、桐生市および桐生市内の多様なステークホルダーをほとんど実効的に結合した。具体的には、群馬県教育委員会との連携の下、小中高等学校生16万人を巻き込んだダイレクトメールと工学クラブの活動、それを基礎にした子供地元学による商店・レストラン・中小企業・自営業（造園業を含む）等の盛りたて、レンタサイクル、一人乗りEV開発、10人乗りコミュニティバス eCOM-8® による低速交通の試み、小水力発電電力のこれらへの利用、桐生再生

の運動の組織化などが多角的かつ組織的に行われた。

　文部科学省の地（知）の拠点整備事業（大学COC事業）や総務省の「域学連携」地域づくり活動により大学と地域の関係が重視されつつある昨今であるが、大学が「地域を消費する」危険性も危惧されている。宝田プロジェクトの場合のように、地域目線による「研究開発」を、地域の課題に応える新しい組織活動を中心に行っていった例は全国的にも極めて先進的である。この展開の基本は、大学側教員の態度とフットワークであり、また、問題解決の姿勢をもつ工学部教員が主役であったことなどがあげられると思われる。ソーシャルキャピタル論やSNS等による桐生の事例の解明、あるいは、桐生の人々と他地域の人々との交流による類似事例の創出は今後の課題であろう。

　小田原‐箱根‐南足柄については自治体および地元企業を巻き込んだ展開を実現したが、さらにこれからの展開が期待される。

　北九州については、大学側の諸事情もあり、地域のソーシャルキャピタルの「メタ化」とエリアマネジメント法人など、コンセプトの展開はできたものの、行政とも連携したその実現はこれからの課題である。

WP1-2-3（WP1-1-4-3）現行のバリューチェーン、サプライチェーンの低炭素化シナリオの開発

■内容解説：

　業界等と地域・市民・消費者の連携により、現実的に実現可能なシナリオの開発と社会実験を行う。このシナリオ開発自体についても、多様な関与者の参加を重視する。

■成果：バリューチェーン、サプライチェーン低炭素化のための方法論の開発を行った

　市民を能動的なアクターとし、流通部門における低炭素化を、共‐進化的に進めるプラットフォームのモデルとして、「リサーチャーズクラブ」方式を開発し、その有効性をスーパーおよび百貨店の現場で確認した（永田プロジェクト）。また、森から都市の住宅まで、一気通貫の流通経路を確保することにより流通を合理化す

るとともに、市民と森林の連携、林業の再生、天然素材の使用を重視した木造住宅の普及、人工物過剰の住宅文化の見直し、これらによる地球温暖化対策の推進の方法論を科学的に裏付けた（田中プロジェクト）。

マーケティング研究の世界的動向としては、「いかに売るか」という販売者中心主義から、社会課題を解決する、環境配慮型の適正な消費へと社会を変革する手法など、「顧客主義」「社会に貢献するマーケティング」研究へ大きく展開している。その中で、日々の品ぞろえと完売に追われているスーパーマーケットの現場の対等な参加のもとに、(プロジェクトにより) 消費者から選抜された女性たちと当プロジェクトメンバーが、売り場のスペースを使って、一般消費者にも見える形で、食品という毎日の短期商材に関して行った、リサーチャーズクラブ社会実験のオリジナリティは高く評価されるべきである。

また、天然素材住宅については、住宅という長期商材について、設計士、工務店、木材業者、山元という関与者をつなぎ、しかも木材乾燥法から施工法まで、耐久性と省エネルギー性を重視した木造住宅供給路線の提示と実験的実証を行い、さらに市民による金融システムとその融資のための評価認証システムというパッケージを提供する試みを加えた、高い独自性をもつ成果である。

■課題：ニッチから主流に至るためは、プラットフォームの形成と社会的議論を巻き起こすための仕掛けが必要

田中プロジェクトでは、社会技術的シナリオ研究として、国産木材住宅認証制度や中古住宅流通市場の形成手法等の検討は十分行われたが、本プロジェクトの成果を、我が国の住宅、森林利用、木材流通等の大幅改革につなぐために、採択当初から条件としてきた、横のつながりをプロモートし、ニッチから主流につながる議論を巻き起こすために組織するはずのプラットフォームとして期待した「ラウンドテーブル」（関係ステークホルダーの全国的結集の場）については、ニッチから主流に至るロードマップを描きながらも、残念ながらその構想を提案するに止まってしまった。これは「天然住宅」そのものがブランド化されてしまったことにより、プロジェクトの展開を困難にした結果とも考えられる。永田プロジェクトについても、リサーチャーズクラブの実践はまだ2年に過ぎず、これからの全国的展開が求められる。

大きな社会的議論を巻き起こすデモンストレーションができないかぎり、なかなかニッチからの脱却は難しいであろう。

WP1-2-4（WP1-1-4-4）横断的脱温暖化戦略に基づく人材育成・教育モデルの開発

■内容解説：

上記「脱温暖化戦略に基づく農山村再生モデルの開発（WP1-2-1（WP1-1-4-1））」を、学際・業際性のある「石油漬け近代の作り直し」課題に対応でき、地域では地域の主体性を引き出し、多様なステークホルダーの共‐進化を組織化できるような、横断的な脱温暖化戦略を担える人材育成方法についての研究開発を行い、社会実験を行う。

■成果：横断的な脱温暖化戦略を担える人材育成モデルの開発とその有効性の検証を行った

それ自体の構成が四次元性（p.82を参照）をもつクラスに基づく4次元ネットワーク型人材育成モデルを確立し、実施して、有効性を確認した（白石プロジェクト）。また、従来階層ごとにバラバラに行われていた都市部の倫理主義的・抽象的な環境教育を、住民組織を通じ、様々な世代へのアプローチ方法を開拓することにより、地域住民主体で横断的な脱温暖化行動の潮流を生み出していくための方法を開発しその有効性の検証を行った（花木プロジェクト）。

■課題：持続的に人材育成を展開するためには認定システム制度の導入等も必要

開発された人材育成モデルの有効性は検証されたが、これらを持続的に実施していくための場や体制についてはなお検討を要する課題である。例えば、白石プロジェクトで開発した4次元ネットワーク型人材育成モデルについては、大学の正規講座外の教育として試行を行ったが、このような教育についても資格として認定されていくよう、EQF（欧州資格枠組）のような比較可能性を持つ認定システムの導入などを検討していく必要がある。また、花木プロジェクトで開発した方法についても、他の自治体等への波及可能性やその道筋については、検討課題として残ったままである。

> **WP1-3** それら（持続可能な社会システム実現のための取組み）が国内外で有効に活用されるよう、一般化、体系化を目指す

■成果：地域における主体形成のための方法論の一般化を試みた

　吉本地元学方法論の一般化（桑子らのふるさと見分け・ふるさと磨きとの対比も含む）、人口還流の方法論（藤山プロジェクト、島谷プロジェクト）、適性技術論の再構築（堀尾（2013））、共‐進化論の構築（Shigeto et. al.(2014)）などとともに、小水力、地域主体形成、地域での省エネルギー学習などについてのブックレット出版、行政、市民、地域の企業・金融関係、上位の行政を巻き込んだ脱温暖化社会形成法のパッケージ化、地域主体のエネルギー戦略実現のための条例導入などについて、領域内外での展開を進め、さらに、「地域が元気になる脱温暖化社会を」と題して提言を行った（次章を参照）。

■課題：国内外で有効に活用されるためのマニュアルの出版やプラットフォームづくり

　最終年度には、領域として、プロジェクトで開発した方法等を他地域でも展開できるようマニュアル化し、出版物の刊行が行える体制を整えたが、最終的には時間の制約もあり、花木プロジェクト、永田プロジェクトの刊行にとどまった（内藤プロジェクト、藤山プロジェクトは出版物ではなく、プロジェクト発行物としてマニュアルを作成）。領域終了後も継続してプロジェクトには取り組んでいただきたい課題である。また、領域の成果をパッケージ化して広く普及させるためのプラットフォームづくりも課題である。これについては、領域終了後の継続的な展開・普及を期待するものである。

2－3．WP2 について

> WP2-1　既存の取組みや施策、行政システム、制度等の科学的整理・分析

■成果：環境・エネルギー課題への従来型アプローチの問題とその克服のために必要な研究開発課題を明らかにした

　各プロジェクトについては、中山間地域の現状と従来の I/U ターン施策（藤山プロジェクト）、再生可能エネルギーの賦存量と人口容量（島谷プロジェクト）、森林の現状（田内プロジェクト、田中プロジェクト）、小水力関係の水利権制度等（駒宮プロジェクト）、多自然川づくりと CO_2 削減（桑子プロジェクト）、北海道政策（堀尾ら（2014））、再生可能エネルギー金融システム（舩橋プロジェクト）など多様な分野について現状の分析・整理を行ってきた。また、領域としては、プロジェクトのそれぞれのアプローチの新規性や意義、領域における位置づけを明確にしてもらうために、環境・エネルギー課題への従来型アプローチの問題とその克服のために必要な研究課題を整理し（表2－2）、プロジェクトと共有するとともに、学会でも発表を行った（重藤、堀尾、2011）。

■課題：領域内での成果の共有と統合は領域期間内には困難

　領域としては、各プロジェクトや領域が行ってきた、こういった多様な分野の現状分析や整理を、領域の全プロジェクトが共有し、自発的にそれぞれの成果が統合され、発展することが望ましい。ただし、各プロジェクトは、それぞれの課題消化に忙しく、領域の全プロジェクト関係者が一泊二日で一堂に会する領域合宿や、全プロジェクトが進捗を報告する研究報告会など、領域としてはそういった場や仕組みを提供してはきたが、一部（小水力、EV、自伐林業等）を除き、領域期間内の成果の共有と統合には至らなかった。WP1-3 の課題でも記述したように、これについても、領域終了後の継続的な展開を期待するものである。

表2-2　環境・エネルギーの課題への従来型アプローチの問題と
その克服のために必要な研究開発課題

	従来型アプローチの問題	課題克服のために必要な研究開発課題
技術システム	■非現実的で事業に使えない賦存量・利用可能量評価	■現実性のある（地域の実情や経済性）賦存量・利用可能量の把握手法
	■技術ロマン主義的先端技術志向 ・採算性のない事業設計（ショーケース型・補助金頼みの事業設計）	■適正技術に基づいた、普及力のある事業モデル構築と実現
	■ルール不在・住民不参加の再エネ利用・導入 ・利益をめぐるやっかみや争いの元になる	■再エネ利用・導入に係る地域のルールづくり
	■ゼネコン・メーカー主導の事業計画 ■人材、地域主体育成の視点が希薄 ・普及を担うべき人材や主体がいない	■地域企業・地域経済の役割を高める事業計画 ■再エネ導入・利用普及を支える人材・主体の育成と供給の仕組み
	■技術偏重型の再エネ導入 ・再エネ導入だけでは、農山村が抱える様々な問題の解決につながらない ■小規模な殻を破れない定住促進	■農山村への人口還流によるCO2削減の検討 ・農山村の再エネ利用によるエネルギー・食料の自給力の検証から、農山村の将来像を描く ■大規模なI/Uターンの仕組みや地域内ルール開発
社会システム	■社会システム的アプローチの不在 ・産業誘致・技術至上主義 ・地域主権・主体形成からの逃避	■社会システム的アプローチの適用 ・「○○ありき」でない、地域経済や流通、交通等、地域の課題解決の視点からのアプローチ
	■集権的な上から方式 ・官僚・学者による計画作成 ・アリバイ作りのためのパブコメ・説明会 ・数量化・評価至上主義	■地域からの内発型プロジェクト設計 ・情報公開と誰もが利用しやすいインターフェース ・強い地域を作るための、人材・住民の学習の仕組み ・地域の再発見・自信を取り戻すための取り組み（＝地元学等） ・市民を巻き込んだ計画作成 ・市民の知識や判断力を高めるための支援
	■市場原理主義	■市場メカニズムと他の取り組みの結合
	■外国崇拝と借り物制度の導入 ・国民の能力への不信	■伝統技術の革新や地域独自の工夫促進
	■分野縦割りの競合型プロジェクト	■部課横断型チームによる現場型課題解決 ■地域・社会で大規模に取り組むための仕組み、仕掛けづくり ・新たな価値観や切り口に基づいた、河川やサプライチェーン等、上流・下流の連携のプラットフォームづくり
	■倫理主義的環境教育	■実利と社会の理想の結合

> WP2-2　地域の新しい価値を見出すための分野横断的かつ内発的な計画・実践手法を開発する

■成果：地域の新しい価値を見出すための分野横断的かつ内発的な計画・実践手法の開発、さらには地域での実践も行うことができた

　藤山、宝田、田内プロジェクトでは吉本地元学を普及し、桑子プロジェクト、島谷プロジェクトでは「ふるさと見分け・ふるさと磨き」として一般化し、地域主体形成のブックレット出版を行った。また、黒田プロジェクトでは、地域の産業創成計画立案等のために、従来の県域単位ではなく、地域をさらに区分した産業連関表解析を行い、地域の再生のプラットフォームを開発した。内藤プロジェクトでは、地域産業連関分析と地域住民代表の入ったプラットフォームに基づく脱温暖化シナリオ開発のための手法を開発し、実践した。また、地域主体のエネルギー戦略実現のための条例・計画導入・事業化の道筋を開発した（白石プロジェクトほか）。

■課題：内発的方法における外部者の関与の在り方について科学的研究による理論化が必要

　ただし、内発的方法における外部者の関与の在り方については、社会認知理論（Social cognition theory）など、科学的研究に依拠した理論的検討がなされる必要がある。

　地元学等による地域の活性化は、それに続く地域の資本形成、地域事業の開発がフォローして初めて本物になる。この部分については、人材不足が著しい地域での主体形成と内発的発展をどうするかなど、残された問題が多い（なおここで使用する「内発的発展」は、あくまでも地域外との交易を含むものであり、単なる地産地消や地域完全自給主義ではないことを付け加えておく）。

> WP2-3　新しい価値の評価手法およびそれらの普及方法を開発する

■成果：新しい価値を評価する市民参加型の評価方法と普及方法を開発した

　吉本地元学（藤山プロジェクト、宝田プロジェクト、田内プロジェクト）、子供地元学（宝

田プロジェクト）、ふるさと見分け・ふるさと磨き（桑子プロジェクト、島谷プロジェクト）、リサーチャーズクラブ（永田プロジェクト）など、新しい価値を評価する市民参加型の評価方法と普及方法を開発した。また市民を巻き込みつつ産業連関分析を行い、定量的に裏付けられた結果を共有する新しい方法を開発した（内藤プロジェクト）。

また、領域としては、横断的・総合的プロジェクトの検証方法について、個別の「専門的見地」から開発された社会技術研究開発アプローチの新規性とポテンシャルを評価するのみならず、その研究開発に、専門家だけでなく、社会の多様なステークホルダーが、どのように研究知見の創出に関与し、プロジェクトに関わった地域のステークホルダーや地域社会に、どのような変化や「共‐進化」が見られたか、という見地で検証することの重要性とその方法、検証結果をとりまとめた。

■課題：科学的研究による理論化が必要

ただし、これらについても、WP2-2 と同じく、今後、科学的研究による理論化が必要である。

> WP2-4　以上を総括し、脱温暖化・環境共生の視点から再定義して、活力ある地域づくりを進める

■成果：脱温暖化・環境共生の視点から、新しい地域づくりの動きを創生した

激動の時代の中で、プロジェクトが関係したほぼすべての地域で、新しい地域づくりの動きを創出し、人々の新しい関係を構築してきた。なお、各プロジェクトの成果の詳細については、参考資料もしくは、RISTEX ホームページで公開している各プロジェクトの終了報告書をご参照いただきたい。
(http://www.ristex.jp/examin/env/program/index.html)

■課題：領域の成果のパッケージ化とその全国的普及

今後の課題は、本領域が開発してきた種々のツールを統合的に結合してパッケージ化し、それをさらに全国に展開していくことである。

2－4．横断的・総合的プロジェクト成果の検証について

さて、本領域では、石油漬け「近代の作り直し」、すなわち高炭素金縛り（カーボン・ロックイン）状態の現在の科学技術体系そのものの社会的イノベーションを志向することによって、環境・エネルギーの課題を統合的で国民の内発性が引き出される課題とし、地域再生・分権社会構築の課題とも連動させるという、横断的・総合的・中長期的な課題設定を行ってきた。2－2では、その成果を目標と照らし合わせる形でひととおりとりまとめたのであるが、このような横断性・総合性・中長期性の高い課題に関する、限られた期間のプログラムについて、どのように「成果」の検証をすべきかは、評価論的にも重要な研究課題をはらんでいると考える。もちろん、そのような大きすぎるかもしれない課題設定自体の妥当性も議論されるべきではある。しかし、気候変動をはじめとする地球規模かつ文明全体に関わる課題は今後ますます重要となるはずであり、個別科学的な思考の枠組みに舞い戻るだけでは問題は解決しない。論理的には、このような問いへの検討は領域設計段階で開始すべきものであった。しかし、評価・検証の議論には時間遅れが付きまとうのが常である。

そこで、本2－4節では、事後ではあるが、あえてこの問題に関する議論を行うこととする。事後であるからこそ見えたこともあり、決して無意味ではないと考えるからである。

議論する課題は以下の2点である。すなわち、

横断性・総合性・中長期性が極めて高い課題について、

①有限なプロジェクト期間で個別プロジェクトが生み出した成果の検証をどう行うのか、

②現在の高炭素金縛り状態の中にある科学技術体系の中で、それをどのように行えるのか、

という原理的な設問である。

これまで、社会技術研究開発センターは、プログラムの設計、実施、評価のあり方については、先進的な検討を行い、試行してきた。同センターにおける従来型の

プログラムに対する評価体系は、「ピアレビュー評価」(「学術的側面」；関係する専門家としての専門的観点からの評価)と「アカウンタビリティ評価」(「社会経済的側面」；得られた研究開発成果の妥当性、社会的意義、効果)の両方について行うものとし、そのための評価委員会の選定と評価項目の設定がなされてきた。表2－3にその評価項目の体系を示す。

　一般に、横断的・総合的（学際的）課題に関するプロジェクトの成果の評価・検証では、従来型の個別専門分野的プロジェクトの場合とは異なるべきであるという議論が、すでに平澤泠氏らによって行われてきた。学術的側面の評価であっても、特に、複数の学問領域（ディシプリン）に通じた広い知識や、新しい学際的な領域を開拓してきた実務的経験を有するエキスパートで構成されるパネルメンバーであるべきであり、また、社会経済的側面の評価を目的とする場合は、ミッションとして掲げた社会経済的成果や効果を的確に認識できる資質が必要である。人文社会科学の幅広い研究に通じた研究者、経営管理や広い社会的経験を有する実務的専門家等が、パネルメンバーとして必要となってくる（表2－4）。

　学術・技術分野においては、すでに多分野総合型の分野は数多く存在しているし、何らかの意味でそうではない分野を見出すのが困難なほどである。しかし、現代の大きな課題との対比で考えるとき、なおそれぞれの守備範囲は限定されており、しかも個々の研究者のそれはさらに限定されている。また、シーズ由来性の強い学術セクターの行動原理と、ニーズ志向性の強い各種現業セクターでは、その価値基準も大きく異なるし、分野横断性の内容も異なる。したがって、「横断的・総合的課題」についての選考等が、短時間の書類上の検討に基づくのみで、専門家間の十分な議論なしで行われる場合にしばしば起こることは、専門家ごとの評価の著しいバラつきである。バラついた評価をもてあまし、そのまま機械的に平均したりすることもしばしば行われている。しかし、そのような機械的な取り扱いは、後述するように、個別専門家の集団が行うべき集団的な知的創造プロセスを省略してしまうことである。表2－4のような評価の視点の確認に加え、評価・検証を行うグループの中での熟議のプロセスの方法論的考察が必要であると考えられる。

表2－3 現行の社会技術研究開発センターのプロジェクトの事後評価項目

ア　研究開発プロジェクトの目標の達成状況
1．目標の設定 　　（1）領域目標に対し、プロジェクトのアプローチは適切であったか。 　　（2）研究開発目標は当初より明確に設定されていたか。研究開発目標は社会の情勢変化等を踏まえて適切に変更をおこなったか。
イ　社会的貢献等の状況及び将来展開の可能性
2．社会的貢献 　　（1）当初想定していた社会問題の解決は、どの程度達成できたか。 　　（2）アウトリーチ活動は、どの程度おこなったのか。 　　（3）達成した成果は、社会に効果・効用をもたらす可能性が高いか。
ウ　研究開発を通じての新たな知見の取得等の研究開発成果の状況
3．学術的・技術的貢献 　　（1）達成した成果は、＜領域が設定した問題解決＞に資する知見・方法論等の創出にどのように貢献したか、貢献しうるか。 　　（2）国際的な比較が可能である場合、研究開発の成果は、国際的水準からみてどうか。 　4．実施体制と管理運営 　　（1）研究開発の実施体制は、適正であったか。社会の情勢変化や社会問題の解決の進捗状況等に対応できたか。 　　（2）研究開発の管理運営は「計画／実行／評価（自己評価）」のサイクルを適切に回し、研究開発を効率的・効果的に社会の状況変化に適合させていたか。 　　（3）研究開発領域の活動に貢献したか。貢献度はどの程度か。（プロジェクトとして実施する活動以外に、領域や領域内の他のプロジェクトからの協力要請に、どの程度関与したかを評価する） 　5．副次的貢献 　　研究開発が、直接の目標に向けた成果以外に副次的に生み出した成果は何か。ある場合は、どのように評価できるか。 　6．費用対効果 　　会計監査的視点ではなく、研究開発を実施したプロセスの妥当性や得られた成果の社会的貢献、学術的・技術的貢献、人材育成の観点、今後の成果の活用・展開という視点から考慮して、投入された資源（人材、研究開発費）はどのように評価されるか。 　7．総合評価 　　上述の研究開発目標の達成、社会的・学術的・技術的貢献の視点等を中心に総合的に判断して、成果はどのように評価されるか。 　8．その他特記すべき事項 　　（1）本研究開発プロジェクトで得られた知見は、解決されていない、あるいは、今後予測される社会問題に対し、将来、貢献が期待できるか。 　　（2）研究開発終了後、その成果をより有効に社会還元するにあたり、如何なる社会的な仕組み（継続的な活動や組織を含む）または政策的な措置が必要と考えられるか。

表2－4　横断的・総合的（学際的）な社会技術研究開発プロジェクトの評価に望まれる視点

学術的側面の評価		社会経済的側面の評価	
専門家 reviewer(evaluator)	実務家 practitioner	専門家 reviewer(evaluator)	実務家 practitioner
学際的プロジェクトの場合、複数の専門分野（ディシプリン）に通じた広い知識や、新しい学際的な領域を開拓してきた実務的経験を有するパネルメンバーが必要	科学技術的側面について把握するための科学技術的能力の他に、高等教育課程ないしOJTでの政策学（論）やマネジメント等の教育研修経験が望ましい	社会経済的成果や効果を的確に認識できる資質、すなわち、人文社会科学の幅広い研究に通じた研究者や、経営管理、広い社会的経験を有する実務的専門家等がパネルメンバーとして必要	社会経済的側面について把握するための人文・社会科学的能力の他に、OJTを通じた異分野の広い経験が望ましい
従来型評価で重きが置かれる視点		社会技術R&Dの評価で重視したい視点	

出典：平成21年度JST-PO研修・平澤泠先生講義資料（一部アレンジしてある）

　大きな横断性・総合性・長期課題への有効性を求める研究開発に関しては、おそらく、上記の熟議のプロセスの方法論化だけでは十分ではない。以下に述べるように、①変革のロードマップの中での位置づけの共有と、変革の方向についての研究開発プログラム自身がもつミッション（考え方、作業仮説、ないしリサーチ・クエスチョン）についての了解、②評価・検証過程自体が発見的な過程として行われるような枠組み設定（上の①の「共有」、「了解」自体も、オリジナリティのあるリサーチ・クエスチョンや作業仮説であればあるほど、熟議と発見的プロセスなしには実現しないはずである）、が必要であり、効果的であろう。

　すなわち、冒頭に掲げた設問①，②に対する当面の答えは、

　第一に、問題の大きさに対してプロジェクト期間は有限であるので、この有限なプロジェクト期間で大きな問題の最も重要だと考える部分（クリティカル・パス）をどう選び、どのようなロードマップで臨むのか、その研究開発によって、ロードマップ上どのような大きな進展がありうるのかを確認し、共有することが必要である。クリティカル・パスやロードマップ自体についての認識が研究開発とともに変わっていくことも、未知のことに対する研究であればあるほど発生しやすい。そのよう

な可能性を認め、その扱い方を論理的・科学的に定式化しておくことも必要である。検証は、そのような設定に基づいて行う必要がある。

　第二は、メタレベルの知的活動として評価・検証作業を位置づけることである。現在、科学技術の専門的知識体系が社会的慣性力として厳然と存在し、日々、カーボン・ロックインの金縛り状態の中で、人材の再生産と新しい知識の展開が行われているのであるが、一方で、それを乗り超えていく「メタ知的活動」も同時に行われていることに注意する必要がある。そのメタ活動は、個別学問分野においても行われている。この20年以上にわたり、各学問分野において、環境問題の影響による変化がいかに大きかったかは、専門家の大半が自覚していることである。しかし、それらが全く十分でないからこそ、金縛り状態の解決の道筋がまだ見え切っていないわけである。

　したがって、各専門分野で活躍しながらも、日々進展するメタレベル活動も行っている人々が評価検証のために集まった際には、まずあらためてその認識を交換し、さらにより上位のプログラムのミッションとのすり合わせを行って、検証の活動自体が、金縛り状態から脱却していくメタレベルの発見的な知的活動となるよう、組織されていく必要がある。それがない場合、検証のプロセスは、個別専門分野からの機械的判断を示す程度の、金縛り状態のままのものとなる。

2−5．共−進化型プロジェクトの成果検証

　2−4に示したような観点に従えば、本領域の成果の検証にあたっては、目標の大きさに対して、1）プロジェクト期間の有限性のなかで、最も重要だと考える部分（クリティカル・パス）が適切に選ばれ、脱温暖化の社会技術シナリオとして提案されたか？、2）現在のカーボン・ロックインの「金縛り状態」を脱するための認識の共有、協働、そして共−進化が、小規模であったとしても、達成できたか？、の2つが、成果の検証の重要な軸となるのが論理的であろう。

　今回の領域の評価は、社会技術研究開発センターとしての事後評価として、表2−4の評価項目に基づくテンプレートにしたがって事後評価報告書を作成し、それ

に基づいて評価プロセスが稼働した。つまり、上記のような、総合的・横断的・中長期的な課題設定を行ったプログラムに必要な評価・検証の工程設計が、まだ社会技術研究開発センターに存在しないままであった。このため、評価委員との2-4で議論した二つの条件を満たすような議論の場は設定されておらず、評価者側、領域側双方に消化不良な部分を残すこととなった。今回、評価委員会からいただいた評価は、一部、領域側にとって厳しいものであったが、上記のような経緯による結果であると考える。この点については、最終段階になってから、プロジェクト評価に関する評価委員との議論の場が設定されたが、すでに掛け違ったボタンを戻すには至らなかったと言える。とはいえ、独立した評価システムの存在自体は重要である。その存在のおかげで、事後ではあるが、評価検証についての課題整理を行うことができた。また、評価の工程設計の問題も、今回はやむを得ないものであった。評価システム自体の検討には時間遅れが存在せざるを得ないからである。むしろ、これからのことを考え、評価システム自体を発展させていくことが重要であると言える。

　そこで、ここでは、今後進んでいくであろう本領域のような横断的・総合的（共‐進化型）プロジェクトの成果検証のための参考になることを期して、各プロジェクトの事後評価の後にとりまとめた成果検証のためのポイントと、それに基づいた検証の結果を示すこととする。

　繰り返しになるが、本領域のミッションは、高炭素ロックイン状態の現代社会を、地域・コミュニティレベルから低炭素へと移行させていくための新たな社会技術アプローチの提示と、地域の現場における実証（カテゴリーⅡ）を各プロジェクトの課題とし、領域全体としては、それらを取りまとめて、量的効果のある温暖化対策につながる新しい方法論を提示することであった。本領域のミッションは、第1章で述べたように、地球規模の問題解決にむけて、地域目線に立った問題解決の視点を持ち、地域の様々な関与者と共に研究開発を行うことを個々のプロジェクトに求めるという、わが国ではおそらく初めての複合的なものとなっていた。したがって、プロジェクトの成果も、個別の「専門的見地」から個別の「専門的課題」に対する達成度等によってではなく、この複合性に対応した新たな評価軸での検証が必要になる。そのため、ここでは、次の二つの評価軸を導入することとした。

　検証軸の第一（検討されるべきアウトカム1）は、量的効果をもつ脱温暖化、すな

わち「石油漬け近代の作り直し」に向け、領域が設定した以下１）〜４）の重点課題（まだロードマップにまでには至らなかったが）に対応する、社会技術的研究開発アプローチの新規性と成果のポテンシャルである。

　　１）<u>脱温暖化戦略に基づく農山村再生モデルの開発</u>
　　２）<u>脱温暖化戦略に基づく地方の中規模都市活性化モデルの開発</u>
　　３）<u>現行のバリューチェーン、サプライチェーンの低炭素化シナリオの開発</u>
　　４）<u>横断的脱温暖化戦略に基づく人材育成・教育モデルの開発</u>

　第二（検討されるべきアウトカム２）は、専門家だけでなく、社会の多様なステークホルダーが、どのように知見の創出に関与し、プロジェクトに関わった地域のステークホルダーや地域社会に、どのような変化や「共－進化」が見られたか、である。

　これら二つのアウトカムの性格は必ずしも独立ではないが、ここでは、とりあえずそのマトリックス上で、各プロジェクトの成果を検証することとする。

　なお、アウトカム１については、各重点課題には、それぞれに主に対応するプロジェクトを配置し、それらを次の４項目の検証基準に基づいて検証することとする：

・体験的学習の場・アクション拠点の開発 (Active Learning Space Development)
・手法・方式開発 (Scheme Development)
・制度・取り決めの開発 (Rule Development)
・適正技術の開発／導入 (Appropriate Technology Development)

　アウトカム２については、協働すべきステークホルダーを次の９種に分類し、それぞれのプロジェクトの特徴として、関与すべきステークホルダーを挙げ、それぞれについて、共－進化（プロジェクトを通じて生まれたポジティブな変化）の有無を検証することとする：

　①住民・消費者、　②行政、　③地元事業者等、　④地元大学・研究機関等、
　⑤地元NPO、　⑥地元メディア、　⑦地元金融、　⑧国・関係府省、　⑨その他

　ここでは、これら二つのアウトカムの検証を総合し、あらためてその全体を「共－進化型プロジェクトの成果検証」と呼ぶこととする。共－進化型プロジェクトの成果検証のチェックポイントを表２－５に示す。

　このように整理するとき、カテゴリーⅠ（社会実験を条件としない）プロジェクトについてはアウトカム１までが最低限求められた研究開発であったといえる。も

ちろんフィージビリティスタディ（FS）と誤解されるべきではなく、「高炭素にロックインされた社会構造を遷移（Transition）するための新たな社会技術的方法を示す」ことが求められる。一方、カテゴリーⅡプロジェクトは、地域や社会のステークホルダーと協働で、地域や社会の現場での検証を行い、アウトカム２を生み出しつつその方法の開発を行うことを求められた研究開発であった。なお、カテゴリーⅠであっても、他のソースからの資金などを使いながら、地域や社会の現場において検証を行い、共‐進化の成果がある場合は、その要素を考慮して検証することとする。当然、カテゴリーⅡで採択したものについて、協働すべきステークホルダーの関与が不十分で、目に見える共‐進化の成果がなかった場合は、厳しい判定もやむを得ない（もちろんその困難さは十分配慮されるべきものであるが）。

　以上のルールに基づいて、各プロジェクトの検証を自主的に行ってみた。その詳細は省略するが、結果を表２−６に示す。なお、脱温暖化の方法論の開発を主に置いていた、カテゴリーⅠの黒田プロジェクト、舩橋プロジェクトは、この「共−進化」の視点に基づいた評価枠組みに必ずしも当てはまらないため、ここでは検証の対象にはしなかった。

表2-5　共-進化型プロジェクト成果検証のポイント

前提	アウトカム1の検証基準	アウトカム2の検証基準	総合評価基準
脱温暖化の根拠 ＋ 共-進化要素 (or 同時に解決すべき地域や社会の問題)	社会構造の遷移手法(Transition Approach)の開発 以下①〜④に関する開発状況について、【◎：成果あり、○：一部成果あり、△：取り組んだが目に見える成果なし、×：成果なし、-：取り組み自体なし】	ステークホルダーとの協働と共-進化成果の有無 以下①〜⑨のステークホルダー分類でプロジェクト期間中必要最低限を選別し、協働による変化・改善について【◎：成果あり、○：一部成果あり、△：協働実態はあったが目に見える成果なし、×：協働実態なし。なお、⑧国・関係府省については、他事業の助成で事業を行っただけのものは△、その事業を通じ、プロジェクトの成果拡大につながった場合は○、関係府省の変化にまで至った場合には◎)】	共-進化概念に基づく総合評価 A＋：大きな共-進化成果を上げている(カテⅡでは、ほとんど○で◎もある) A：ほぼすべてのステークホルダーに共-進化成果が見られる(ほとんど○) B：一部共-進化成果がみられる（△が中心） C：協働すべきステークホルダーと協働できていない（×がある）
	①体験的学習の場・アクション拠点の開発 ②手法・方式開発 ③制度・取決めの開発 ④適正技術の開発／導入	①住民・消費者 ②行政 ③地元事業者等 ④地元大学・研究機関等 ⑤地元NPO ⑥地元メディア ⑦地元金融 ⑧国・関係府省 ⑨その他	
＜カテゴリーⅠに求められる成果＞			
＜-------------- カテゴリーⅡに求められる成果 --------------＞			

表2-6　共-進化型プロジェクト成果検証の結果

領域重点課題分類	1)脱温暖化戦略に基づく農山村再生モデルの開発						2)脱温暖化戦略に基づく地方の中規模都市活性化モデルの開発				3)現行のバリューチェーン、サプライチェーンの低炭素化シナリオの開発	4)横断的脱温暖化戦略に基づく人材育成・教育モデルの開発	
PJ	藤山PJ(Ⅱ)	田内PJ(Ⅱ)	島谷PJ(Ⅱ)	駒宮PJ(Ⅱ)	大日方PJ(Ⅰ)	桑子PJ(Ⅱ)	亀山PJ(Ⅰ)	宝田PJ(Ⅰ)	内藤PJ(Ⅰ)	宮崎PJ(Ⅱ)	永田PJ(Ⅱ)	田中PJ(Ⅱ)	白石PJ(Ⅱ)	花木PJ(Ⅱ)
共進化型プロジェクト成果検証	A	B	A＋	B	A	A＋	B	A＋	A	B	A＋	B	A	A

今回の領域の研究開発活動の評価は、西岡秀三先生を委員長とする評価委員会によって行われた。この場をお借りして、多岐にわたり、しかも専門家の中での議論がまだ煮詰まっていない問題を含む本領域の評価に多大な労力をかけていただくとともに、辛抱強く本領域との議論にもお付き合いくださった評価委員会に、厚く御礼申し上げる次第である。独立した評価体制が存在したことにより、領域側も、最後まで緊張感をもって成果や課題の取りまとめを行うことができた。しかし、現状の評価システムでは、評価委員会に領域の意図、実施へのプロセスや各プロジェクトの置かれた客観的環境と主体的取り組みの内容を深く知っていただくことは、まだかなりの困難があり、システム設計に一考を要するというのが率直な感想である。評価のシステムや方法についての検討は常にある程度の時間遅れを伴うものである。プログラム評価方法の革新では先端的役割を果たしてきているJST社会技術研究開発センターでのさらなる検討に期待したい。

2−6．人材の育成

本領域終了時で、プロジェクトに研究員等で雇用された「若手」全27名のうち、3名が博士号を取得、プロジェクト後の進路内訳は、「学」19、「産」2、「非営利」2、「自治体」2、「不明」1。多くが「学」に次の進路を得ており、学術面での人材育成成果も十分あったと考える。

2−7．学会等における議論のプラットフォーム等

　領域では、社会への成果発信と議論の場の設定を重視してきた。学会におけるセッション開催状況等を振り返って本章を閉じることとする。

（1）学会セッション
- 化学工学会第 41 回秋季大会（広島大学）（平成 21 年 9 月 17 日）シンポジウム：「地域に根ざした脱温暖化・環境共生のR&D, − 80％戦略」：亀山、宝田、駒宮プロジェクト、ゼロスポーツ（株）中島 徳至社長が招待講演。
- 環境経済政策学会 2010 年度大会（名古屋大学）（平成 22 年 9 月 11 日）企画セッション：「エネルギー自立地域の形成と地域主体形成」駒宮、藤山、宝田、桑子プロジェクト
- 化学工学会第 76 年会シンポジウム「化学産業技術フォーラム」（東京農工大学）（平成 23 年 3 月 22 日）：宝田、田中、永田、亀山プロジェクトが参加予定であったが、東日本大震災のため中止。

（2）国際会議等
- 国際ワークショップ：Workshop on Transforming Innovation to Address Social Challenges「社会的課題の解決に資するイノベーションの変革」（2009 年 11 月 9 − 10 日、OECD 本部、パリ）　重藤が事例発表。
- 国際シンポジウム：New Innovative Approaches to Social Challenges「社会的課題解決に資する新しいイノベーティブな取り組み」（2010 年 7 月 9 日、東京）ブリティッシュカウンシルと JST-RISTEX 共催。NESTA、Ashoka（アショカ）財団、RSITEX 有本センター長（当時）と堀尾が話題提供、RISTEX 企画運営室 篠崎室長（当時）、領域プロジェクトの島谷教授（九州大学）がパネル討論。
- AAAS 年次総会セッション：Design Thinking to Mobilize Science, Technology and Innovation for Social Challenges「社会的課題解決に資する科学技術イノベー

ションの結集に向けての新しい発想 - 思考をデザインする」(2011年2月20日、ワシントンDC、米国)、JST-RISTEX主催。モデレータ：OECD科学技術産業局次長 原山優子先生（当時）、スピーカー：ベルリン工科大学、米国アショカ財団、NSF（米国科学財団）、NIH（米国立衛生研究所）、ベルギー IST（フラマン議会 社会技術研究所）、英国 NESTA、RISTEX 有本センター長（当時）、堀尾。

■ STS ARI-RISTEX 国際ワークショップ：Climate Change, Disaster Management, & Urban Sustainability: STS Approaches to Three Asian Challenges「気候変動、災害管理、都市の持続可能性：3つのアジアが抱える問題への STS アプローチ」(2011年12月6－7日、シンガポール) JST-RISTEX、シンガポール国立大学アジア研究所、同大人文社会学部共催。

■ International Conference on Applied Energy (ICAE2014) (2014年5月30日－6月2日、台湾・台北) セッション：「Community-Based Low Carbon Scenario」宝田、田中、島谷、永田プロジェクトから発表予定。

第3章　地域が元気になる脱温暖化社会を実現するために

3−1.「地域に根ざした脱温暖化・環境共生」領域の6年間にできたこと

　わたしたち領域が活動した平成20年度から25年度の6年間は、まさに激動の時期であった。GHG60−80％削減を掲げた「福田行動計画」の閣議決定、リーマンショック、政権交代、東日本大震災と原発災害、固定価格買取制度の発足、連続的な真夏日、大型台風・竜巻災害、政権再交代など、いずれも本領域の課題に深くかかわる事柄ばかりであった。しかし、わたしたちの取り組みは、ますます時代の課題に対応したものとなり、全国の皆様からの励ましに支えられて、展開することができた。成果は、ささやかながらユニークで、従来の常識を打破した方向性を出し、バラバラだった多分野の取り組みを脱温暖化・脱「金縛り」に連動させる方法や、そのための研究開発方法なども開発してきたと考えている。
　第2章では、プロジェクトの成果を、領域の目標の細目ごとに吟味したが、それらを総合して当領域の成果を列挙すると、以下のようになる：
- 温室効果ガス80％削減が、技術的には可能であることを確認し、それを実現するための社会技術的アプローチの必要性をかかげ、採択されたプロジェクトの皆さまとともに研究開発の試みを行った。
- 脱温暖化の長期計画を描く際に、これまで全く検討されてこなかった「地方への人口還流」、「地方重視で生存」（マクロ＝国レベル）の課題の重要性を明らかにし、

「地方で生存」する（ミクロ＝地域、個人）ための種々の方法を提起し実践した。
- 地域から持続型社会への移行を進めるためには、「適正技術」の考え方が重要であることを明らかにし、これまでの途上国向けの概念であった「適正技術」の概念を作り直しつつ、低速交通、小水力、天然素材住宅などの分野で試行した。
- 高炭素金縛り（カーボン・ロックイン）状態の中にあるバリューチェーン・サプライチェーン改革には、消費者とビジネスに関わる人々が現場で共に考え、試行を行うことにより、各部門のリスクを回避する形で低炭素構造への移行が可能になる。そのための消費者・流通・生産者プラットフォームの必要性を提起し実践した。
- 地域から脱温暖化社会への移行を進めるためには、地域に根ざしたアプローチが必要であり、そのための研究者、行政、NPOの人々などがもつべき地域へのまなざしと、地域が元気な主体になっていくための地域での活動のあり方について問題提起し、新しい方法を試行してきた。その結果、「地域に根ざした」立場から「脱温暖化の社会づくり」に取り組むことで「地域再生」と「主体形成」がすすみ、たくさんの地域[*]で、人々の「元気度」が増している。（[*]：プロジェクト対象地域（石徹白地区（郡上市）、宇奈月温泉（黒部市）、小田原・足柄・箱根地区、加茂湖地区（佐渡市）、北九州市、鬼無里地区（長野市）、桐生市、栗駒地区（栗原市）、五ヶ瀬町、滋賀県、名古屋市千種区、仁淀川町、文京区（東京都）、弥栄地区（浜田市）、山形県など）のほか、飯田市、湖南市、佐那河内村、新城市、洲本市、東北被災地、その他多くの連携市町村）
- 再エネ電力の固定価格買い取り制度（FIT）の時代に対応し、地域が地域資源の主人公としての自覚とインセンティブを持つ制度的枠組みづくりを推進し、現行制度のもとで生じている各種の現象に悩む地域とともに問題解決に向けて一歩前進することができた（**3-4　指針1-1**を参照）。
- 「四次元（4D）ネットワーク」[*]型の再生可能エネルギー人材育成の概念を提起し実践した。（[*]：異分野・異業種といった2次元的広がりに、国、自治体、企業、民間など情報集積とマネジメントの次元を加え、さらに、年齢の異なる社会階層の時間軸を入れた4Dのネットワーク）
- 研究開発領域においては、各プロジェクトとの対話と協働の研究開発マネジメントで、「温暖化対策のための社会技術開発」という新たな課題について、アプローチの方法論自体を開発し、実施者との共有化を「再帰的」に行ってきた（「再帰的」

の意味については第1章1−1（2）を参照）。

　全体として：激甚災害を伴う気候変動に対する地域の自衛・国土強靭化に対し、緩和・適応両面からの総合施策の国民的推進を可能とする方法論、および脱温暖化をめざす社会技術プロジェクトの設計方法を開発し、全国の自治体・NPO・市民の皆様とのネットワークを確立してきた。

3−2．脱温暖化・環境共生社会に向けて
―「提言」と地域の現場でそれを実現するための「指針」―

　いま、世界はまさに激動の中にある。途上国の近代化が進む一方、異常気象は大型化・日常化し、鉱物エネルギー漬けの近代化の限界もますます明らかになり、近代の作り直しの努力もはじまっている。気候変動による気象災害の激甚化が大きく展開すると考えられている2050年は、決して遠い未来ではない。環境エネルギーに関わる多様な課題をさらに統合的・横断的に扱い、「再帰的」な熟議による「近代の作り直し」のなかで、持久力のある国土、産業、地域、国民を再構築し、諸外国の先頭に立って、「持続的な地球」へのイニシアチブをとっていくことこそ、ますます経済的にも世界の重心となりつつあるアジアにおける、わが国の進むべき道であろう。

　そのような本格的な「脱温暖化・環境共生社会」の形成にむけて、本領域では、地域と現場の目線に徹してきたつもりである。研究開発期間が終了したこれからも、さらに、全国各地の現場での経験が次々に反映されていくよう、情報プラットフォームや制度的な枠組みづくりを進め、人々のネットワークを広げ、具体的な前進を実現していければと考える。

　そこで、地域が元気になり、量的効果を発揮できる脱温暖化・環境共生戦略を、地域・市民の内発力の形成を重視しながら推進していくために、以下の提言と指針をまとめた。これはこれまで6年間の数々の現場体験と、現場を持つ人々との議論を経て作成し、2013年11月21日の最終シンポジウムで承認された案文を、

事後評価の過程でさらに吟味し、とりまとめたものである。

本提言を地域の現場での実現につなげるために、地域で取り組むべき指針を以下のように提案する（指針についての詳細は３－３、３－４をご参照ください）。

提言：ともに進化し、地域が元気になる脱温暖化社会を！

人類がぶつかっている「多様な環境エネルギー問題」[1]を、これまでの一極集中型・一直線型の近代化の結果としてとらえ、公正で地域に有用な「適正技術」と社会の様々な構成員が共に進化する「もやい直し」[2]の方法で、それぞれの地域や現場が元気になる、真に持続力のある脱温暖化社会（「近代のつくり直し」）を実現しよう。

指針１　地域の資源で地域がうるおう再エネ・省エネ社会をめざすための基盤をつくる

指針１－１　地域の資源を地域で活用するためのルールをつくる

地域再生可能エネルギー基本条例の導入を柱に、コミュニティベースのルールを整備し、地域がうるおう地域資源利用をすすめる

指針１－２　適正な再エネ・省エネ技術とそれを支える基盤をつくる

再エネ利用、EV交通、木材利用などに適正な技術・仕様設計をおこない、地方財政・地域環境・市民生活を守るために、バリューチェーン変革型データベース（PEGASUS型）の構築など基盤整備をすすめる

指針１－３　再エネ・省エネ社会の実現を支える地域内ネットワークとヒトをつくる：「まちまるごとネットワーク」と「ネットワーク型人材」

まちまるごとの住民・関係者参加型ガバナンスにもとづいて地域資源利用を推進し、それに関わる、地域・分野・世代間を横断したネットワークを持つ人材（「ネットワーク型人材」）を、各省・府県等の人材育成と連携して育成する

1　公害、ごみ問題、生物多様性、シックハウス、地球温暖化・気候変動、油価高騰、燃料枯渇など
2　水俣病に苦しんだ水俣の人々が再出発するときに使ったことば。「もやい直し」とは、もともとは「ひもの結び直し」。地域の問題に正面から向き合い、対話と協働で新たな仕組みや関係性をつくること。

指針2　脱温暖化・再エネ時代の新しい価値とシステムの創造をめざす

指針2−1　再エネで人口の「共生対流」を促すパラダイムシフトと百業的生存戦略を展開する

再生可能エネルギー利用を軸に、地域資源と地域文化の再興で百業的に豊かに生きる、新しい地方・地域像を描きなおし、総合的コンサルテーションを実施して、過疎・高齢化がすすむ農山村や都市への人々の「共生対流」を実現する

指針2−2　バリューチェーンの脱温暖化イノベーションをすすめるために、消費者・流通・生産者の関係の「もやい直し」をすすめる

生活物資から住宅まで、暮らしと消費のすべてを低炭素型に変革していくため、生産・流通・消費を一気通貫型に見通すプラットフォームで、消費者の力を生かして関係者が啓発し合い、低炭素型チェーンの設計・施行・拡大をすすめる

3−3．これからの日本をどうしていくのか
―具体的な方向性について―

（1）地域と市民を強くする

　第1章（1−1（4））でも議論したように、「地域・市民」こそ、高炭素金縛り状態にある「産業・市場経済」および「政体」のジャンルを低炭素な構造に移行させていく上で、最も重要な力を発揮するジャンルである。これまで、わが国の近代化においては、地域・国民のジャンルは国家と産業・市場経済のジャンルに奉仕する形で、その強い力を発揮してきた。近代社会の強さは、工業化と民主主義の両方の軸に支えられたものであるが、わが国においては、工業化が先行し、民主主義があとを追ってきた経緯がある。そのため、婦人参政権や地方自治が実現したのも第二次大戦後である。さらに、地方分権改革が軌道に乗ったのもようやく90年代半ばからである。

■自治体が主役

　はじめて地方分権に関して国会両院が決議した「地方分権の推進に関する決議」

（平成 5 年 6 月 3 日 衆議院、4 日 参議院）、および、地方六団体の「地方分権の推進に関する意見書」（平成 6 年 9 月）を受け、「地方分権推進法」の成立と第一次地方分権改革がスタートしたのは、平成 7 年 5 月である（その後、三位一体の改革（平成 13 年）、第二期地方分権改革（平成 18 年）と続く）。かつては、地方自治体も、三割自治といわれ、国の方を向いた姿勢が目立っていた。これからの時代は、地方自治体が「地域・国民」のジャンルを代表し、上から目線ではなく、住民・市民の目線から「ともに進化する」共−進化の構造を作り上げていくことが大切であろう。

　脱温暖化・環境共生の中心的テーマのひとつはエネルギーである。脱温暖化・環境共生という横断的な立場から、地域にあるエネルギー資源を地域が有効に生かして、持続的で災害にも強い地域社会を作り、さらに、エネルギー立地に基づく産業の育成を図ることが求められている。自治体には、地域のために、横断的な政策を確立し実施していけるような庁内体制を構築するとともに、人事の実質的交流、機動的な対応、事業計画等を住民・市民とともに作成する協働設計・協働実施（co-design, co-production）、国とも連携した新しい可能性の追求、地域への敬意のない事業への規制等、総合的な施策を行っていくことが求められる。

■「ともに進化」する地域活動と地元学

　地元に対する「上から目線」の傾向は、行政だけでなく、研究者にも、コンサルタント会社にも、また地域で活動する NPO の一部にも見られないわけではない。

　これからの「ともに進化する」時代においては、計画や解決を一方的に考えるのではなく、共にゼロベースから思いを共有するということを大切にする必要がある。地元には「言葉」になっていない「思い」やこれまでのいろいろな歴史的な蓄積がある。地元自身も、また外部者もそれらに敬意をもつことが「近代の作り直し」の基本であろう。それを発見的に共有する中で、本当の人と人とのネットワークが生まれていく。

　そのようなことを深く考える中から形成されてきたのが水俣の吉本哲郎氏が提唱し実践してきた「吉本地元学」である。吉本地元学は、以下の諸点を基本要件として行われてきた（あくまでも著者の体験に基づくまとめである）：

1）地元学調査を行うにあたっては、そのことを、自治会等の公式のルートから住民に周知し、了解を得ておく。

2）地元学調査は、外部からの訪問者と地元の案内人の両方を含むチームで行う。
3）住民は、地元学調査のチームの訪問や質問に協力する。
4）外部からの訪問者は、「これは○○ですね」という聞き方はせず、基本的に、不思議なものを探し、「これは何ですか」と聞く。以下の5つの質問は必ず行う：
　　①いままで食べて、おいしかったもの、懐かしかったものは何ですか？
　　②好きな場所はどこですか？
　　③うれしかったことは何ですか？
　　④だいじにしていることは何ですか？
　　⑤ここは、言葉で言うと、どういうところですか？
5）住民は、地元の自慢や観光名所の話をしたい気持ちは抑え、訪問者の質問につきあう。
6）調査員はA6判程度の野帳（フィールドノート）に記録する。
7）人の写真を撮るときは、いい笑顔を撮る。
8）外部からの調査員は、調べたことを、写真とともに模造紙にまとめる。ただし、訪問者としての作法に基づいて、「あるもの探し」の精神で、探したこと、驚いたこと、感心したことをまとめる。
9）模造紙による「報告」は、長く保存できるよう、写真はしっかり貼り、文字も大きく丁寧に書く。大きな台紙の場合は破れないようにテープ（長持ちするのは白い布テープ）で裏打ちをする。また、最初から四角く折りたためるよう折り目をつけ、写真はその折り目を避けて貼る。
10）「報告」を作成していて分からなくなったらまた調べに行く。
11）最終日に、住民側の主催で、住民全員を対象として、報告会を行う。
12）作成した「報告」は、地元に引き渡し、その後の議論に使ってもらう。

　多くの場合、吉本哲郎氏自身は、地元学の説明を自らの水俣での経験に基づいて、その範囲で語るにとどめ、上記のような手法としては説明されない。長年の水俣病との闘病、チッソ（株）との泥沼の闘い、認定患者と非認定患者との反目、外部からの風評被害など、水俣の人々が追い込まれた暗黒状態から、水俣の人々のこころを取り戻し、水俣自身を再発見していくという、市の職員であった吉本氏自身の苦闘のプロセスなしには、地元学の形成はなかったからであろう。

　しばしば、「地元学」という用語はいろいろ勝手に使われており、「風土学」と混

同される場合もある。日本の近代化の中で信州の農業者を支援した「風土学」の三澤勝衛の業績は高く評価すべきものであるが、近年の三澤勝衛「再評価」の中では、現代におけるその意味が問われざるを得ない。著作集第4巻（三澤, 2009）は三澤についての論客の議論を掲載しているが、三澤を高く評価する多くの寄稿の中で、吉本氏だけが、その功績を高く評価しつつも、三澤の風土学と自分の地元学は違う、三澤には主体形成の視点がない、とのコメントを寄せている。また、「ないものねだりからあるもの探しへ」を謳う吉本氏の地元学の狙いは、地元の人がよく知っている地元のお宝や古寺仏閣的な観光案内的なものを否定し、これまで気づいていなかったものが、地元と外部者のやり取りの中から、ある意味では自然に引き出されるためのプラットフォームを提供することであると考えられる。第1章で議論した、「再帰的近代化」が必要となった現代において、吉本氏の地元学が三澤勝衛とは異なる要素をもつことは当然である。氏の温かいまなざしの奥にある深い意味は、まだ多くの研究者やNPOに共有されるには至っていない。

　2013年（平成25年）から始まった、文部科学省の「地（知）の拠点整備事業（COC）」や総務省の「域学連携による地域活力の創出事業」は、いずれも大学と地域を結び付けることを意図したものであるが、「地域を消費する」ことに終わらないよう、注意が必要である。

　本領域が各プロジェクトと「地域に根ざす」ことの意味をめぐって行ってきた議論は、「ともに進化する」ことがますます重要となるこれからの時代に、さらに重みを増すはずである。（地元学についてはさらに p.114 − 118 を参照）

(2) 適正技術を志向する

　地域がその自律性に基づいて持続的なまちへと自己変革を進めていくためには、地域に適し、「持続性をもつ技術」を見たてる力を育てていく必要がある。そのためには、「技術の適正性」（appropriateness）、正確には「適切性」とでもいうべきもの、についての議論を、地域の人々とともに進めていく必要がある。適正技術は、Ⅰ.「普遍的な公正性＝フェアネス（fairness）」とⅡ.「地域適合性＝フィットネス（fitness）」の二つの顔（要因）をもっている。それぞれの要因には、さらに4つずつの要件が考えられる（図3−1）。

　すなわち、ある技術の「普遍的公正性」の要件とは、

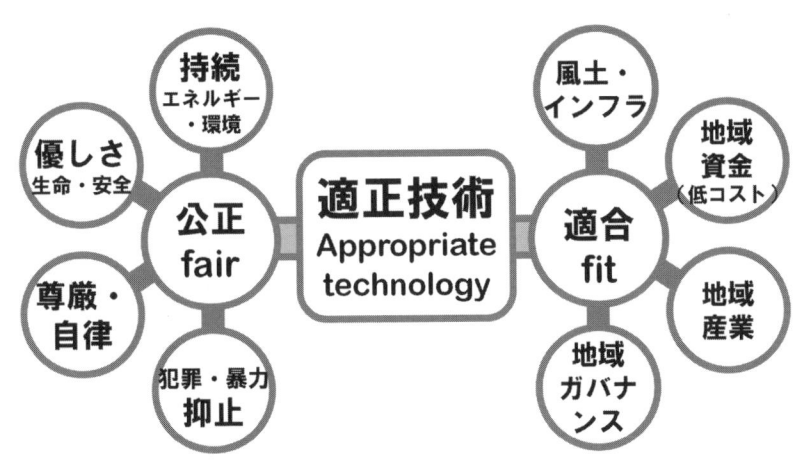

図3－1　技術の適正性を決める二つの側面（堀尾（2013））

●持続性（エネルギー・環境にかかわる本質的持続性）、
●生命への優しさと安全性、
●人間の尊厳の保障、犯罪・暴力・武力への抑止力、
であり、また、ある技術の「地域適合性」の対象は、
●地域の気候風土および既存のインフラ（道路、鉄道、水道、送電線、学校等々）、
●地域の産業（農業、林業、製造業、観光業、伝統工芸等々）、
●地域の資金力、
●地域のガバナンスの状況や文化的伝統、
などが基本的である。

　あらかじめ覚悟しておかなければいけないことは、「適正技術」は、個々の局面において、自明なものとして与えられるものではないことである。技術の適正性は、上記の要件の充足状況を、多面的かつ総合的に検討することではじめて確認できる。絶対的な定量的基準があるわけではない。

　事業者・関係者は、自ら適正性の検討が重要であることを理解し、適正性について詰めていく意欲をもつことが重要である。メーカーや土建業などの専門家の知識は重要であるが、同業者間の配慮や、事業受注等への思惑もありうる。そのため、専門家の個々の意見については鵜呑みにせず、セカンドオピニオン、サードオピニオンを組織的かつ構造的に集約して、現状や課題についての正しい認識に近づいて

行く必要がある。そのためには、技術の見立てのための委員会等の設置や運営の方法にも新しい工夫が必要である（堀尾（2013）参照）。

　未来志向が強い大学等の研究者からは、技術的リスクを伴う案件が推奨される傾向がある。専門研究者は、それぞれの分野での学術研究や問題解明の方法論には長けていても、分野を超えた問題や、集積度の異なる問題については、もはや多様な意見をもつ集団の一員に過ぎない。「再帰的近代化」の時代においては、決断を行う立場の人々が、専門家の正しい活用の仕方をわきまえることが重要である。また、専門家にも、市民や他分野の人々との熟議に参加することのできる、「再帰的近代化」の時代にふさわしい言動をお願いすることが重要である。

（3）適正技術による温室効果ガス 80% 削減の可能性を確認する

　80% という大きな削減が本当に可能なのか、ということについて確認することなしに、大きな政策の議論を行うことは不安である。できるだけ簡単な計算で、80% 削減のイメージをもつにはどうしたらいいだろうか。温室効果ガスの排出には、直接排出（当事者が燃焼、運転等により直接排出するもの）と間接排出（購入した物品の製造や輸送時において排出するもの）とがあり、その詳細な計算には、専門家の手を借りて産業連関分析を行う必要がある。しかし、国全体では、直接・間接排出の問題は輸出入のものについてのみであり、問題は単純化されている。また、最も大口の輸送（自動車燃料）、発電、住居、産業などについて、技術的な削減可能性が確認できれば、市民的には十分であろう。そこで、簡単な計算により、どうすれば 80% 削減が可能かを検討した。紙数の関係でここでは結論だけを述べるが、原理は単純である（関連情報は Shigeto et al.（2012）を参照）。主な仮定は、①輸送用の動力をすべて EV とすることで、自動車からの CO_2 発生を 60% 削減する、②自然エネルギーを大幅導入する、③省エネ型の木質多様建築を増やし、家屋・ビルの 80% 省エネ化を図るとともに、木質バイオマスのカスケード利用を保証し、低コストなバイオマス利用を可能にする、④廃棄物（紙、プラスチックス、廃木材および汚泥等）からのエネルギー回収を、高効率発電所と連携して行い発電量を倍増させる、さらに、⑤産業界の省エネをプロセスインテグレーションやエクセルギー技術（堤（2013））などを用いて進めることである。これらの大半は現在の技術で可能であり、大きな技術リスクを伴わない。EV 化を推し進めることで、自動車一台当たりの鉄鋼使

用量は大幅に削減される。また、木質多用住宅にすることにより、プラスチックや鋼材およびセメントの使用量が削減される。これに多自然川づくり工法（島谷ら（1998））の導入によっても、大きな削減効果が期待できる。実際に、自動車の耐用年数は比較的短いので、2050年までにEV化を実現することは原理的に可能である。問題は、コンクリート構造物の耐用年数である。省エネ住宅、木造住宅への補助金制度も充実し始めているが、なお社会全体の更新には時間がかかるはずであり、これからの検討が必要である。大まかな結果を図3－2に示す。

（4）エネルギー立地の国土利用と「郷（さと）がえり」を考える

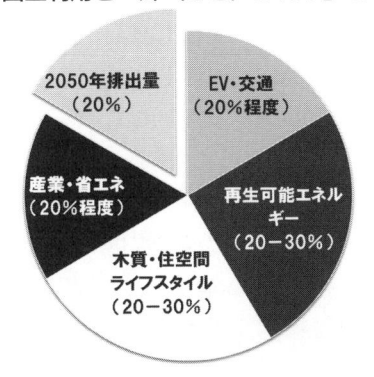

図3－2　80％削減へのシナリオと貢献度

　太陽光はどこにでも降り注ぐとはいえ、国土の66％は森林であり、また都市部の面積は17％程度であって、都市部の大きなエネルギー需要を都市部の太陽光だけで賄うことはできない。バイオマス、水力、風力など、どれをとっても、都市部ではなく地方の中山間地域に多く存在していることも明らかである。また、火力発電所や原子力発電所が100万kWといった単位の出力をもつ集中型発電であるのに対し、1か所で得られる出力は、上記自然エネルギーのどれも千〜1万kWである。

　自然エネルギー（再生可能エネルギー）が「分散エネルギー」と呼ばれるゆえんはここにある。とはいえ、需要は大都市をはじめ広く分布している。大規模集中型発電の場合には、需要地に送電ロスを抑えて遠距離送電するため、昇圧し、高圧送電

線で遠距離まで運び、そこから順次電圧を下げて個別需要先に届けてきた。いまや送電線網はそれなりに全国土をカバーしている。分散エネルギーの場合には、集中型発電所に比べ発電量が少ないうえ、高価な昇圧設備の投資回収が難しいため、高圧送電線に接続することはあまりない。分散型発電所は、広く整備されている低圧送電線の近くにおき、低圧送電線容量まで昇圧して系統接続し、一般電気事業者に売電することが多い。また、地域の発電所が再生電力の力を借りて、一般電気事業者の系統（送電線）を使い都市の需要家へ電気を送る託送も可能である。この場合、都市の消費者が、発電設備をもつ地方に、再生電力を介してしっかりとお金が流れるようにする相対取引的方法もある（東京都が推奨する地産都消）。

しかし、かつて水力資源に富む日本海側に多数の化学産業が立地したように、分散している自然エネルギーの存在する近くに工場や町を発展させていくという、自然エネルギー立地も、当然考えられてよい。もちろん、現在の需要地の周りにある自然エネルギー資源を地産地消することも薦められる。

以上は電力についてであったが、エネルギーは電力ばかりではない。給湯や加熱処理といった熱利用には、バイオマスの直接燃焼や太陽熱温水器が効果的である。

これらの自然エネルギーの賦存量に基づいて、中山間地域がもつ生活基盤としての容量を、全国平均と各県ごとに分けて検討し、どれだけの人口を養うことができるかを見てみよう。

■全国平均値での議論

まず、結果に入る前に、現在の人口の分布を表3−1に、自然エネルギーの賦存量を表3−2に示す。さらに、2050年におけるエネルギーの需要を、（3）で検討したような考え方に基づいて推定した結果を表3−3に示す。なお、本項の議論は、領域内でプロジェクト横断的に設置されたI/Uターン等人口還流促進タスクフォースと島谷プロジェクトとの共同研究に基づくものである。

表3−2のエネルギー賦存量と、表3−3の一人当たり将来のエネルギー需要に現状の中山間地域の人口をかけて差し引けば、将来（2050年）における中山間地域のエネルギー余剰が表3−4のように求められる。それを、あらためて表3−3のエネルギー需要で割れば、強引ではあるが、中山間地域の受け入れ可能人口の最大値を表3−5のように推算できる。表3−5では、まずバイオマスを熱として使

うこととし、それに基づく人口受け入れ可能量を出したのち（①）、その人口分の電力を差し引いて、残りの余剰電力を、一人当たり総エネルギー需要（暖房等も電気で行うとして）で割って電力依存の受け入れ可能人口（②）を出している。

この計算では、表3-3の、これまで公表されてきたエネルギー賦存量の現実性

表3-1　2005年現在の各種地域の世帯数と人口

	世帯 %	世帯数	人口
都市部	80.5%	39,495,337	100,603,432
平地農業地域	8.6%	4,219,378	10,747,696
中山間地域	7.9%	3,875,940	9,872,883
山間地	3.0%	1,471,876	3,749,196
合計	100.0%	49,062,530	124,973,207
中山間地域および山間地域小計	10.9	5,347,816	13,622,079

農林水産白書2008、世帯数：総務省国勢調査2005

3-2　中山間地域の自然エネルギー賦存量

エネルギーの種類	熱 GJ/yr	電力 GJ/yr
木質バイオマス	121,317,806	21,735,777
水力	―	161,206,690
地熱	―	68,508,000

出典：2005~2008 資源エネルギー庁および関連資料
水力は10万kW以下の未開発分のみを含む。

表3-3　2009年および将来の一人当たりエネルギー需要

需要MJ/(人・年)	暖房	給湯	照明・家電	冷房	移動	合計
2009*	4,915	6,108	7,009	404	ガソリン車：8,750**	27186
将来(~2050)	2,775	4,000	4,625	200	EV: 1,750	13350

*) 出典：家庭エネルギーハンドブック2009, 住環境研究所
**) 一人当たりのガソリン消費量（全ガソリン消費量を人口で割った）

や地域性の吟味がなお不十分であり、細かい数値は重要ではなく、大まかなスケールを把握することを目的にしている。結果は、約1500万人を受け入れることができるということになった。もし、1500万人が中山間地域に移動した場合、表3－6に示すように、2050年における中山間地域と都市・平地農村地域との人口分配（1：2.8）は、成り行き任せで大きな還流がなかった場合（1：9）に比べて大きな違いを見せる。中山間地域の衰退を自明のこととする前に、よく考えてみたいものである。

■地域分布を考慮した議論

表3－4　将来における中山間地域のエネルギー余剰の試算

TJ/yr =103GJ/yr	未来の需要		熱の余剰	未来の需要			電力の余剰
	暖房	給湯		照明・家電	冷房	移動（EV）	
需要と供給	37,801	54,488	29,028	63,002	2,724	23,838	184,299
活用する資源	12,318（木質バイオマス）			273,865（水力、地熱、陸上風力）			

表3－5　表3－4のエネルギ余剰に基づく最大受け入れ可能人口

根拠となるエネルギー余剰	受け入れ可能人口（人）
①　熱余剰分÷一人当たり[暖房＋給湯]消費量	4,284,608
②　①の人口の電力消費量を差し引いた後の電力余剰分÷一人当たり全エネルギー消費量	11,694,976
	15,979,584

表3－6　「郷（さと）がえり」のスケール感

	中山間地域	都市・平地農村地域
現在	1200万人	10800万人
なりゆき（bau）の2050年（人口減少考慮）	900万人	8100万人
人口移動を行ったときの2050年	2400万人	6600万人

実は、上記の計算で考慮していなかった地域分布は極めて重要である。また、仮にエネルギーが十分あったとしても、現在の住環境を維持し快適に暮らせるにはそれなりの人口密度の上限がありうる。そこで、まず、農山村に多数の人口が擁されていた昭和 30 年の人口を一つの目安とし、それを上限としてみることとした。ただし、東北・北海道においては、昭和 30 年代までには、なお関東以西に比べて都市化が進んでいなかったため、人口密度に関する限り、人口受け入れ余力があるとも考えられる。そこで、現代的な集合住宅の可能性も考慮して、東北・北海道には昭和 30 年人口の上限を適用しない場合も考えた。

再生可能エネルギーだけで計算した人口受け入れ可能量の分布を図 3－3 の①に、昭和 30 年の人口分布による上限を設定した場合を②に、さらに東北と北海道についてはその制限をかけないとした場合を③に示す。また、それぞれの場合の還流人口と CO_2 削減効果を表 3－7 に示す。

北海道・東北に制約をかけない場合には、還流可能人口は 1000 万人に、また

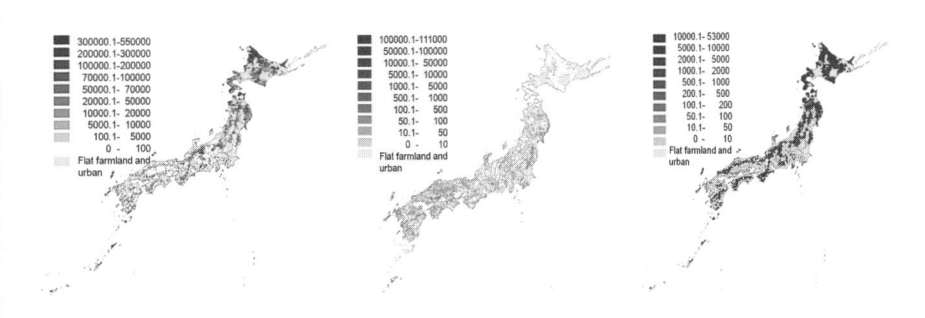

①再生可能エネルギーのみによる還流　　②昭和 30 年人口を上限とした還流　　③①の東北北海道以外に②の制約をかけた場合

図 3－3　再生可能エネルギーに基づく人口還流のポテンシャル
（単位は [還流人口 /km^2]）

表3-7 地域分布を考慮した時の全還流可能人口とCO₂削減効果

還流可能人口の 計算条件	①： 再エネ賦存量 のみを考慮	②： 昭和30年人口 まで還流	①に②の 制約を考慮	③： 北海道・東北以外を ②で制約
還流可能人口 [100万人]	32	15	4.7	10
人口還流による CO₂削減量 [Mt-CO₂/yr]	64	30	9	20

CO_2削減可能性は2千万トンになり、全国平均での見積もりよりも少し小さいものの、政策検討に値する十分な規模感をもっている。

なお、この結果は、中山間地域の重要性に加え、北海道及び東北の重要性を示している。3-11後、北海道と本州の間の高圧送電線「北本連系線」の増強が進められているが、北海道内での需要を喚起し大きな規模での地産地消を行う路線は十分な経済効果をもちそうである。いま、北海道は経済的に補助金依存体質になっているといわれている。しかし、脱温暖化・持続型のわが国を構想する中で、北海道の新しい位置づけを明確にすれば、人々でにぎわうエコ・アイランドとしての北海道の再生が期待できる（以上の詳細については、島谷プロジェクト公開報告書、Horio et al.（2014）, 堀尾ら（2014）などを参照されたい）。

（5）四次元ネットワーク型の人材を育成する

地域・分野・世代間を横断したネットワークを持つ実務能力のある人材を「四次元ネットワーク型人材」と呼ぶことにする。地域や分野という空間的な三次元の広がりに加えて、世代という時間軸を含む、合計四次元の空間に広がった人々の集まりの中で人材と人材のネットワーク自体を育成することを考えるからである。

総合的・横断的・長期的課題である脱温暖化、高炭素金縛り状態からの脱却（アンロッキング）、「近代の作り直し」といった大きな時代の課題に対応していくためには、従来制度化されてきた人材育成の体制や方法だけに頼っていては全く不十分である。実際に、従来の制度の中では、視野の狭い専門家が育成され、高炭素金縛り状態の中で働く構造となっている。もちろん、実際はこのイメージほど単純ではない。一人の個人ないし一つの家族は、すでに議論した、近代社会システムにおけ

る、政体（polity）、産業・市場経済（economy）、地域・国民（community）の三つのジャンルそれぞれに重層的にかかわっており、高炭素金縛り状態を脱して（アンロック）いく契機は、三つのジャンルそれぞれの中に存在している。とはいえ、現行の高等教育機関で提供されるコンテンツには限界があるし、教員の守備領域も決して広いとはいえず、また、クラスの構成自体が基本的に同年齢のモノトーンな性格をもつ。

　米国では、以前から、博士後期課程の学生が、別の分野の学士号や修士号を同時に追求することが可能であったが、わが国では、いまだに実現していない（おそらく、機械的な修学時間の割り付け論に基づいて、システムの導入が抑制されてきたのではないだろうか）。学際的学部や分野横断的組織等は、大学の改組の際にしばしば設置され、改組の必要性の理由づけにされているが、実際には、それぞれの学問分野の交流は少なく、建前と本音方式で古い方式への読み変え的運営が維持されている例が多い。

　高等教育の水準でも多分野性がこのように制約を受けてきたわが国の大学人は、一般論として、大学の国際化にも、また、国内の豊かな問題性に対する分野協働のアクションリサーチにも、きわめて腰が引けているのが現状ではないだろうか。

　さらに、同じことが初等・中等教育にも言えるように思われる。すなわち、先生方と社会との交流は狭い範囲に限られており、地域の多様な問題にかかわる各種の専門家との交流の中で、それぞれの教育に従事する先生方が、時代の最先端の意識で教育に取り組んでいけるような気風は、明治・大正期の近代化の始まりの時期以後は極めて低調になっている。

　これまでの実務人材育成の枠組みは、再生可能エネルギーの導入を手始めとして、脱温暖化社会を作るのに必要な横断性と長期的視野を保証するものとなっているとは言えない。具体的には、これまでの各省庁の研修等は、その受講生の範囲が極めて限られていること、また教育内容も、特定分野の知識に偏っており、地域で実際に事業計画をするのに必要な、技術、制度、金融、地域社会との連携方法などの多くを欠いたものとなっていることが問題である。

　領域設置段階では、総合的・横断的・長期的な課題にふさわしい人材育成方法とはどのようなものであるかを探り、それを打破する新たな方向性を見出すことが必要であった。

　また初・中等教育についても、環境倫理的な「べき論」の教育ではなく、リアリティと発見のある教材と人的ネットワークで、いきいきした環境エネルギー教育を

行う可能性を見出すという課題があった。

　領域の研究開発の中で、試行錯誤の中から見出したのが、実務家教育についての「四次元ネットワーク型人材育成」(異分野・異業種といった2次元的広がりに、国、自治体、企業、民間など情報集積とマネジメントの次元を加え、さらに年齢の異なる社会階層の時間軸を入れた4Dのネットワーク) という新たな方向性である。

　「四次元ネットワーク型人材育成」は、次のような特色をもつ。

（1）現代社会の課題解決をかかげて教育プログラムを設計し、受講生を幅広く募集する。

（2）受講生は、学生はもちろん、企業で現業をもつ方々、自営業の方々、行政や自治体の方々、NPOの方々、主婦や家事に従事されている方々、さらには定年後の方々など、基本的に制限を設けない。

（3）上記の多様な人々から成るクラスを理想とし、クラスの中で、お互いの異なる立場や考え方を交流し、いざという時に役立つネットワークが作れる環境を用意する。

（4）教育コンテンツは座学については、まず課題とそれへの基本的なアプローチの方法を共有することを第一とし、そのあとは、技術、制度、金融、地域社会との連携方法等についての講義と演習および実習から構成する。

（5）実習の中に、具体的な解決課題自体を受講生がチームになって解決に取り組むものを入れる。

（6）講義において、基礎が不足しているために理解できない専門的なことについては、当面は、そのような課題があることを理解し、演習・実習等の中で課題の感触を得、クラスの中でどのような人々がその課題に長けているのかを知り、終了後に現場に入った時にどうふるまっていったらよいかを学ぶ。

　このような考え方をすると、従来の成績評価主義においては、基礎がない人により高度な専門的知識が分かるはずがないし、成績評価もできるわけがないということになる。もちろん、基礎から学習する教材等を準備することも考えられるが、社会人や、分野の異なる学生にとって、かなり時間もかかるうえ、付け焼刃の生半可な理解では失敗することもある。餅は餅屋、ということわざにしたがい、餅屋をたくさん持った人材に育てることを第一の目標とするのである。したがって、とりあえずは、成績評価等や修了にあたって○○士の称号・資格を付与することはかえっ

て有効性を低めるものと考えられる。受講生には、修了後の現場の中で、光る成果を生み出し、実質的評価を得ていくことが求められる。

このような教育課程の持続的な維持のためには、良い講師陣と適切な教材および現場を開発し、財政的支援体制を構築していくことも大切である。

一方、初・中等教育についても、上に述べたコンセプトは、従来の縦割りを破り、社会のいろいろな分野のいろいろな年代の人々が支援をする形でかかわるという意味で、また、生徒たちも社会に開かれたネットワークをもつという意味で、四次元的であり、四次元人材育成の概念に含めてもよいと思われる。

（6）消費者と現場の目線からサプライチェーンの変革を進める

生活物資から住宅まで、暮らしと消費のすべてを低炭素型に変革していくためには、経済の連関の中で、生産・流通・消費にまたがって繋がっている高炭素金縛り状態の社会的物質代謝システムを、それぞれの要素に大きな支障の発生しない形で、低炭素側に順次移行し、結果として、漸進的ではない変革を実現することが必要である。そのためには、おそらく、現行の高炭素のラインに併設する形で、低炭素のラインを設け、発展させていくことがもっとも現実的であろう。代替力を発揮しないニッチ（隙間的）な生産・流通・消費の流れではなく、ニッチに見えていても現行のシステムを置き換え、変革していく力のあるプロセスを併設することがカギとなる。そのような変革に対しては、流通業も、生産者も、決して敏感でないわけではない。したがって、そこにはマーケティングの視点が必要となる。しかし「マーケティング」といっても、もはやかつての大量生産・大量消費を前提とし、製品を売ることを目的とした、製品中心の「マーケティング1.0」、さらには、飽和状態の顧客を満足させ、つなぎとめることを目的とした、顧客志向の「マーケティング2.0」の時代ではない。「近代マーケティングの父」フィリップ・コトラーが提唱する、世界をより良い社会にするための、社会的価値主義の「マーケティング3.0」であることに留意が必要である（フィリップ・コトラー他、2010）。

わかりやすい例としては、花王の洗剤「アタックNEO」がある（日経Bizアカデミー、2014）。汚れが落ちる、または香りやソフトな仕上がり具合、といった従来型の商品価値に加え、2回のすすぎが1回で済むことで、洗濯時間の短縮と、節水・節電を実現し、エコ商品でありながら、家事や育児等に追われる消費者ニーズに合致し、

大ヒット商品となった。さらに新商品「ウルトラアタック NEO」では洗浄時間が5分で済むようになり、さらなる進化を遂げている。ただし、こういった 3.0 時代の正鵠を射た製品やサービスにとっても、社会が目まぐるしく変化し、その変化のスピードがますます加速する中での「持続性」と、「社会的価値」に力点を置くことによる「リスクの回避」が大きな課題となってくる。そこで重要になるのが、生産者、流通・販売者、消費者、といったあらゆるステークホルダーが共に創る（共創する）ことである。

したがって、これからのアプローチは以下のようなものとなる。

一つは、意欲のある大規模流通業者が、意欲のある生産者を確保しつつ、意欲のある消費者とともに、リスク回避を図りながら「共－進化」（＝社会的価値づくり）を進めていく構図である。

もう一つは、マーケティング 3.0 時代に重要な「社会的価値」を提供することのできる、意欲のある小規模な業者が結束し、新たな組合等を立ち上げ、ニッチ路線からそれなりに量的効果のある市場形成に向かう構図である。

いずれの場合も、主役が明確であるとは限らない。むしろ、お互いに警戒し合う関係であり、研究者等の第三者のリーダーシップが加わることが、そのような低炭素など、社会的価値を持つ新たな物流を生み出すキー・ファクターとなる可能性がある。

いずれにしても、研究者が、日々大量の品物を扱っている生産・流通の現場で、マーケティングの視点であるとはいえ、「社会的価値」主義の社会実験という新たなアクションリサーチを取りまとめるためには、経営者からだけの尊敬ではなく、店舗の担当者からも十分な信頼を受けられるだけの最低限のビジネスの知識と作法、現場における洞察力や機動力、そして人間的魅力をもっていることが必要である。「共－進化」の「社会的価値」主義の時代に、アカデミアに求められるものは、地域の現場であっても、ビジネスの現場であっても、きわめて類似しているのかもしれない。

3－4．「地域の現場で取り組むべき指針」の解説と領域の取り組み事例

プロジェクトの成果等の詳細については、下記 URL を参照いただきたい。
(http://www.ristex.jp/examin/env/program/index.html)
(ただし、地域は地域であり、研究開発プロジェクトとは独立である。地域については、報告書に表現されている以上に活性化している場合もあれば、そうでもない場合もありうるので、ご了解いただきたい。)

<u>指針1　地域の資源で地域がうるおう再エネ・省エネ社会をめざすための基盤をつくる</u>
<u>「指針1－1．地域の資源を地域で活用するためのルールをつくる」</u>
　地域分散的な自然エネルギー資源は、古来、自然の恵みとして、地域の人々によって大切に利用されてきたものである。化石燃料等のふんだんな供給のおかげでその価値が忘れられてしまったのは、わずかにこの50年ほどのことである。エネルギーをめぐる議論がかつてない重要な時期にさしかかっているいま、「自然エネルギーは、地域の人々の主体的な参加の下に、地域の豊かな生活に資する形で利用するべきものである」ということを、人々自身が自覚すること、また周囲の関係者もそれを支援していくことが、きわめて重要になる。そのために自治体ができることとして、地域再生可能エネルギー基本条例の導入を柱に、コミュニティベースのルールづくりなどを積極的に推し進めていくことが望まれる。
　地域外の事業者が、地域資源を、地域に断りなく利用すること自体にも問題が潜んでいるが、固定価格買い取り制度の発足後、投機目的の設備認定を受けながら事業に着手していなかったり、現地への説明等もないまま建設を強行しようとしたりすることによる、地域とのトラブルが多発している。地域に対する敬意のない事業者を見分け、場合によっては排除することでトラブルを事前に回避したり、トラブルの裁定を公正に行うためには、地域の自治体による条例の制定が必要である。た

だし、規則はそれを皆が共有することではじめて実効性をもつのであり、条例の検討段階から、専門家だけでなく、市民も交えた議論を組織し、協働設計（co-design）していくことが大切である。

さらに、よりスケールダウンした地域、すなわち集落等においても、水、太陽、山林等の資源の利用について、自然エネルギーは地域のコモンズ（コミュニティ管理資源）であり、それから得られる便益を公正に分け合うという精神で、住民の間のルールが導入されることも望まれる。灌漑用の水利権であった農業用水についても、従属発電を認めるという形で規制が緩和されており、各水利組合内で、水路の補修等の新たな取り決めも必要となるはずである。また、水を、上位にある用水路から下位にある水路に落とすことによって発電をするような場合に、水利組合間で行うべき取り決めなど、現場的な課題は多様であるはずであり、積極的な検討が望ましい。

■地域再生可能エネルギー条例の導入

地域再生可能エネルギー条例構想の実現は、市民による太陽光発電の取り組みで知られる滋賀県湖南市と本領域との交流の中から始まった。湖南市では、2012年3月から検討に入り、9月21日には条例の制定に至っている。このときの条例基本構成は、本領域の分散エネルギータスクフォースで作成し、骨子案として6月6日のシンポジウムで提示した。その後、白石プロジェクトの再生可能エネルギー塾および環境首都コンテスト参加自治体ネットワークのつながりから、条例の導入は急速に広がり、2012年12月には愛知県新城市、2013年3月には飯田市、6月には洲本市、と展開が進んだ。実際に新城市では、風力発電事業者による事業計画策定があり、住民による反対運動も起きていた。条例制定以後、メガソーラ等の導入事業者に対し、市との間で、災害時のエネルギー供給の取り決めを行うなどの具体的成果が上がっている。飯田市が制定した条例では、市民の権利が明示され、市長が行う具体的な施策も明示されている。飯田市の条例の特に画期的な点は、市長の権限で自治会などに「認可地縁団体」として法人格を与え融資を受け設備を所有・管理することを可能にする方法（地方自治法260条）が活用され、再エネ導入のプレイヤーを生み出すメカニズムを持たせたことである（日経2013年5月8日）。

固定価格買取制度（FIT）施行3年目に当たる2014年現在、駆け込みの施設建

設の強行による地元とのトラブルや、設備認定を取りながら着工しないため地元による優良案件が実現できない（電力側の受け入れ容量オーバーで）などのトラブルが発生している。理念条例はもちろんであるが、より具体的な規制と施策の推進のための条例の必要性はますます高まっているといえよう。

　湖南市、新城市、飯田市の条例を**付録2**に示す。これらの条例の議論は、白石プロジェクトの中での重点課題として、各地の自治体職員やNPO、市民等を巻き込んで行われた。

■行政担当者の横断的ネットワークで新たな仕組みを創出

　新しいルール作りは、地域自然エネルギー条例だけにとどまるものではないはずである。「行政組織の縦割り」批判は、「鉱物エネルギー漬けの近代化」が予定調和的に持続するだろうという前提の下で形成されてきた組織が、現実の展開に対応できないことから発生する。近代の作り直しという大事業の中では、これからも、多様な縦割り問題の克服の課題が発生するはずである。

　そのようなニーズへの重要なアプローチは、大学等の識者や特定期間に限定されたプロジェクト等が、関係者の研究会や勉強会を組織することである。実際には、縦割り組織においても、しばしば合同の委員会等も開かれていることが多いが、それぞれ目的を明確にした委員会等であればあるほど、自由な意見交換はありえなくなる。したがって、上記の研究会ないし勉強会においては、関係者は組織の立場を代弁するのではなく、できるだけ自由に意見交換をし、考えることを至上課題とし、そのような雰囲気で運営されることが大切である。そのためには、主催者側の信頼性が重要であることは言うまでもない。

　本領域では、水利関係者のone-table会議「水利ネットワーク懇談会」（駒宮プロジェクト・富山ユニット）が実施され、農業用水を利用した小水力発電の実施に関連する河川法、電気事業法や土地改良法などの法制度的障害を克服していくための意見交換が行われている（18回）。呼びかけ先は、許認可権を有する省庁（経産省、農水省、国交省、環境省）、県、市など自治体、電力会社、土地改良区などの利害関係者であった。重要なことは、会議に先立ち、本懇談会が安全な場として機能するように前提条件として、①クローズドな会とすること、②懇談会内での発言は許可なしでは公表しないこと、③糾弾することなく建設的な発言を行うこと、④疑問点については

積極的に情報を共有することなどを確認したことである。そのおかげで、有益な議論が進められた。「特に県・市・土地改良区などの事業実施者が参加することによって、管理者側である行政部局と利用者側の事業実施者の立場の違いも明確に表面化し情報共有された。残念ながら当プロジェクトの実施期間中にはワンストップ許認可団体の創設には至らなかったが、3.11以降の再生可能エネルギーへの関心の高まりとともに、水利権許可手続きの緩和が急速に進み、現在国土交通省では水利権の登録制の検討もなされている。本懇談会の開催は、関係者相互の理解を深める上で大きな効果があったばかりでなく、省庁内での意識変革と規制緩和に少なからず影響し、省庁横断的な許認可団体形成の足掛かりを得たといえる。」(駒宮プロジェクト報告書より)

「指針1-2．適正な再エネ・省エネ技術とそれを支える基盤をつくる」

本領域では、コミュニティバス、天然素材住宅、小水力発電機などの開発に、また、多自然工法や市民普請に適正技術の考え方を適用してきた。

■8輪EVコミュニテイバス eCOM-8®

「EVコミュニティバス」は、低炭素型の脱温暖化のまちづくりに有効なコミュニティ交通のイメージを、本領域の「蓄電型地域交通タスクフォース」で具体化し、群馬大学工学部EV研究会のメンバーとインホイルモーター(1-2人乗り用)を転用し、10人乗りミニバスとして開発し実現したものである。その様子は、宗村ら(2013)に詳しくまとめられている。この場合の「適正」性への到達は、①地域が求める交通について、低速(20km/h)の優位性の概念(衝突安全性、死亡事故率の低さ、開発費の低さ、市街地での視認性の高さによる商店等の利用機会の増大等)を確立したこと(タスクフォース)、②既存車両改造の4輪車ではなく、2人乗りEV用に開発されたインホイルモーターをマルチに用いて10人乗りを実現するという概念への到達(慶応大学清水浩教授の研究室訪問時に受けた薫陶を思い出して)(タスクフォースと宝田プロジェクト)、③これらを実現する創造的な意欲をもった技術者(自営)(宗村氏)の存在(宝田プロジェクト)、④地域の企業と大学が協力してEVを開発しようというコミュニティの存在(同上；載せ替え式リチウムポリマーバッテリーの開発も行われた)、⑤それらを取りまとめた「謙虚で広い心の」大学教員の存在があったこと、さらに、⑥

これまでのマイクロバスのイメージを振り払った車両デザインが提案されたこと、⑦富山の一般社団法人「でんき宇奈月プロジェクト」（駒宮プロジェクトの富山ユニット）や桐生市民などの応援や協力があったことなど、すべてにおいて、これまでの

```
1. 2010年、群馬大次世代EV研（宗村氏(㈱シンクトゥギャザー)リーダー）
   と協力企業がマウス型の一人乗り車（写真1,2）を完成。
   同車用インホイルモータ（写真3）は㈱ミツバが開発。
2. 2011年2月、JST-RISTEX環境・エネルギーR&Dプロジェクトは、
   このモーターを並列装着した低速コミバス製作を宗村氏に依頼。
3. 2011.9　第1号試作車完成（写真4）。富山の川端鉄工㈱も内装に協力。
4. 2012.6　車両ナンバー取得。公道での運用実験開始（宝田PJ）。
```

1. マウスのイメージ　　2. 一人乗りEV　　3. インホイルモータ　　4. eCOM-8®

図3-4　10人乗りミニバス開発の経緯

先入観を排したアプローチが行われ得たことに負うところが大きい（図3-4）。
　低速電動バスは、将来の市内交通のひとつのツールであり、それですべての問題が解決するわけでは全くないが、これまでにない「適正技術」の気分をよく表現したeCOM-8®が町を走るだけで、新しい変化の意識を市民に伝えることができた。これは、適正技術のシンボル性である。島谷プロジェクトの場合も、五ヶ瀬町での小水力のデモが町民との連携の重要なきっかけとなっている。
　なお、宝田プロジェクトにおける低速交通用電気自動車の速やかな開発の背景には、隣接する太田市の自動車産業とも連動した桐生市の産業基盤と、大学と地域企業との連携の仕組みの存在がある。特筆すべきは、プロジェクト発足前からNPO法人「北関東産官学研究会」が活動しており、大学と市との包括協定締結以前から、産官学の連携が継続される仕組みがあったことである。また、プロジェクト開始とほぼ同時に「次世代EV研究会」が発足してマイクロEVの開発が開始された。

■天然素材住宅

　天然素材住宅の概念は、田中プロジェクトの一般社団法人天然住宅が構築してきたコンセプトで、夏は高温多湿・冬は寒いわが国の気候風土に適した適気密・高断熱性と壁内結露と腐朽菌の繁殖による木材の劣化を防止した長寿命性、さらに天然素材にこだわることで十分なシックハウス対策と低炭素性をねらった木造住宅である。床および壁面などの木質部にはウレタンなどの塗装は一切行わないほか、漆喰・珪藻土・紙/布製壁紙などによる壁の仕上げ、壁面内の断熱材には、高炭素材料であるガラスウールやロックウール、あるいはウレタン樹脂・フェノール樹脂製断熱材を用いず、天然ウール（リサイクルウールなど）を用いる。これらの住宅そのものについてのコンセプトに加え、材料を産直の国産木材に限定して国内林業振興に協力するとともに、山側でプレカット（人手による）して一括施主側に送り届け、現地組み立てすることで流通コストの膨張を回避し、山側および大工にお金が回るようにしている。同時に、発注者（施主）となる人々に、材料や工法、さらには森林林業についての学習や都市山村交流を促し、単なる設計者任せでない安全・快適な適正技術による住宅の普及を進めている。ただし、住宅は、日用品や短寿命の家電等と異なり、消費者の購買機会が少ないため、売り手市場であり、消費者自身が、自分たちが何を求めているのか、さらには住宅性能はどうあるべきかなどの理解を十分持つことができていない。したがって、天然素材系の住宅供給者側も、ニッチ市場の現状の中で、施主に対する関係は売り手市場となり、設計・施工とも高値安定状態の維持に陥る傾向がある。

　本領域では、このような天然素材系住宅の普及方式をさらに全国に広げていくために、田中プロジェクトを採択し支援した。同プロジェクトでは、埼玉大学の外岡氏が同グループの住宅コンセプトの低炭素性を確認し（図3－5）、早稲田大学の研究者が室内および壁面内環境測定により上記の壁面内で結露しないことなどを科学的に確認した（図3－6）ほか、名古屋大学の研究者により、木造軸組み工法の強度測定が行われ、木造住宅の構造計算がより科学的に行える素地を作った（詳細はプロジェクト報告書を参照いただきたい）。

　ニッチな業態から全国の大きな流れを作るためには、全国各地の消費者、施主、設計士、工務店、林産業社、林業家を一堂に集め、一気通貫・共同調達等の新しいシステムの構築と、全国的な動きの発信をめざす必要がある。田中プロジェクトで

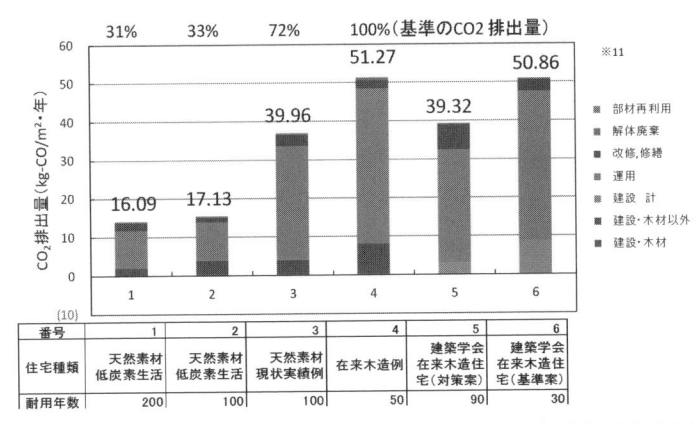

第3章　地域が元気になる脱温暖化社会を実現するために　91

（埼玉大学経済学部外岡研究室作成）

図3-5　200年もつ住宅を作ることの優位性；住宅のLC-CO_2比較結果

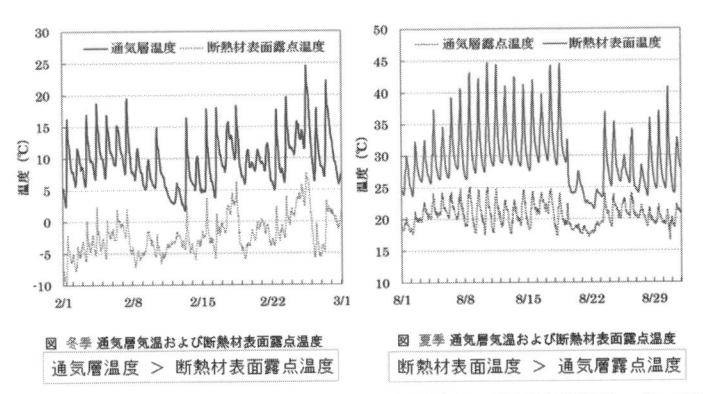

（早稲田大学理工学術院 創造理工学部建築学科　高口研究室作成）

図3-6　冬季と夏季における壁面内部の温度・湿度（露点温度）

はそのような場として「ラウンドテーブル」を想定していた。しかし、厳しい生存競争の中で（社団法人が天然素材住宅を「天然住宅」としてブランド化して行かれたことがおそらく作用し）、適切な開催時期等のタイミングの判断もあり、天然住宅支援者の集会以上のラウンドテーブルは、まだ実現していない。今後、どのようなプレイヤーであれ、同様なコンセプトでの住宅供給をめざし、全国の設計者・工務店、林業者・製材業者等の大同団結と消費者との連携を組織し、広く一般市民の手に届く天然素材系の住宅供給体制作りが進められることを望みたい。

■自伐林業

田内プロジェクトでは、木材の伐出を自律的に行う自伐林業方式の検討と普及も行われた。

自伐林業とは、森林の経営や管理、施業を山林所有者や地域がみずから行う、自律・自己責任型の林業である。自伐林業では、絶えず一定量を伐出するのではなく、市況や需要に合わせてできるだけ有利に木材を供給することをめざす。自伐林業方式においては、木材の質の向上に注力するインセンティブが働き、自然に長期択伐施業に移行することはもちろん、森の多目的活用を目指すので、森林を良好に維持して、高収入施業と良好な森づくりを両立させることになる。

このようなスタイルそれ自体は、伝統的なものであった。すでに伝統的に存在していたこの林業形態を、いまになってあえて取り上げる理由は、この自伐型林業方式が、今や忘れられ、適正でないかのように扱われているためである。逆に自伐林業を現代的に再興すれば、現行林業の問題点や欠点を補うことが可能となると考えられる。

わが国の林業は、長年のあいだに、山林所有者や地域が、林業を自ら行うことを捨て、森林組合や業者に作業委託する「他者依存型林業」になってしまっている。この状況が続く中で、国の林業政策も「所有と施業を分離した」状況を大前提として展開されてきた。その結果、中山間地域からは林業が消え去り、林業実施者は森林組合のみという地域も多くなってしまった。さらに、2011年以来の「森林・林業再生プラン」は「山林所有者や地域は林業に関心がなく、実施能力もない」という前提に立ち、通常の合理化路線と同様、設備回転率、労働生産性等を改善し、大量生産と定常的に材を出すことのみを至上課題として、大型林業機械の導入、林路

網整備、広域施業を推し進めてきた。しかし、その結果、値崩れや滞貨が生じたことも記憶に新しい。また、過度の作業道造成と量産のための皆伐が進められる傾向があり、皆伐後の林地からは、近年の豪雨による大量の土砂流出の問題も発生している。大型機械の購入（5千万円〜1億円）による金利負担、メンテナンス（年間1千万円程度）および燃料コスト（1日200〜400リットル）、人件費コストの増加なども問題である。さらに、伐採後の植林造林を森林所有者の責任とし、伐採業者の責任としなかったために、伐採後の山林が植林されずに放置されるという事例も続いている。要するに、森林林業再生プランのビジネスモデルは、森林資源収奪型、機械化貧乏型で、植林・造林が放置されやすい非持続的林業に陥る傾向がある。

これに対し、チェーンソー伐採と架線集材ないし作業道による搬出を主とする施業形態でも実施可能な自伐林業では、小資本でも林業が可能である。もちろん大規模な林地では、大型林業機械による施業に基づいた自伐林業も当然考えられる。いずれにしても、場所と資本の規模に適合し、持続性、自律性、環境保全性など公正性を保証するという適正技術の視点から、自伐林業の意義をさらに議論し評価していく必要があると考える。

田内プロジェクトの中嶋健造氏らは、NPO法人「土佐の森救援隊」の取り組みから始まった自伐林業の運動を、被災地をはじめ全国に広げている。

■木材の中低温乾燥

田中プロジェクトでは、森林からの国産木材の搬出と乾燥、製材、プレカット等についての検討を行っている。これらも、森林利用、木材利用における適正技術を追求したものであった。

田中プロジェクトでは、中でも低温乾燥法について科学的な確認を行ってきた。現在主流の高温乾燥法では、短時間で乾燥を行うことはできるが、エネルギー多消費であるとともに、木材中のヘミセルロースの分解や、さらに細かい亀裂が入ることで、材料強度が下がることが危惧されていた。これを確認するために、名古屋大学グループにより、i）曲げ試験及び破壊実験と、ii）実物大製材を対象としたクリープ試験が行われた。

その結果、曲げ試験及び破壊実験では、乾燥方法の違いによる木材強度の点では有意な違いは認められなかった。しかし、粘り度（荷重－たわみ曲線の比例限度以降

のたわみ）においては低温乾燥材と高温乾燥材に有意な差が認められ、木材の粘り度を利用して住宅建材を接合する「木組み」工法に有利に働くことが考えられた。また、金具等によって接合した場合、木材と金属の温度変化に対する応答の違いから結露が生じやすく腐食等が進みやすい可能性もある。

　実物大梁材の長期間荷重性能試験（クリープ試験）からは、クリープ変位（たわみ量）の季節変動の仕方が乾燥法によって異なることが明らかとなった（図3－7）。また、低温乾燥および燻煙乾燥により得られた材は温度と湿度変化に起因する季節変動が小さい一方で、高温乾燥材および中温乾燥材は影響が大きかった。

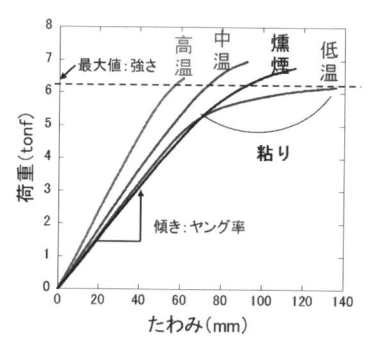

静的試験：短期間に徐々に荷重を上げていき破壊する試験
名古屋大学大学院生命農学研究科生物材料工学研究分野 作成

図3－7　実物大梁の3等分点4点曲げ静的試験

　乾燥方法による化学成分の含有量変化についての研究からは、乾燥温度が高くなるとヘミセルロースおよびセルロースの一部が分解し、強度低下を招く恐れがあることが判明している。

　しかし、破壊試験の結果は十分なデータを統計的に処理してはじめて的確に整理できるものであり、ここでの議論はまだ初歩的なものと考えるべきであろう。

■創作竹垣で竹利用

　いま全国の山林に蔓延している竹は、成長力が高く CO_2 吸収が早いバイオマス資源であるともいえる。ただし、木材の場合と同じかそれ以上に、バイオマス資源としての竹の搬出は、その比重の低さ（かさばること）、伐採時には水分をよく含ん

でいることから大変である。人件費、乾燥コストなどを考えると、竹を直接エネルギー利用することの経済性は成立しにくい。しかし、わが国およびアジアでは、竹は、古くから竹垣，籠，竹ぼうき，猪おどし，食器など生活の中に材料として活用されてきた。とはいえ、すでにプラスチックスなどに代替されてしまっている各種の品目を竹材で置き換えることは、流通等のコストを考えるとき、必ずしもすぐに実現できるともいえない。例えば、建材としての竹垣などは、地域の景観や住居の品格を演出する高付加価値の商材になりうる一方、再普及が進めば量的効果も発揮できる。しかも、未乾燥の青竹の時期に高い価値を見出すことも可能であり、更新のために廃棄するころには十分乾燥しきることができる。その段階で廃棄物に近いバイオマスとしてエネルギー利用すれば、集荷・乾燥を経済的に行うことが可能である。宝田プロジェクトでは、桐生市の伝統的建築群地域の景観改善と観光資源の創出のために，地域の農林高校や造園業者らの協力の下に「創作竹垣」（図3-8（左）など）の市内広域展示を実施し、探訪用のマップ（図3-8（右））も作成した。

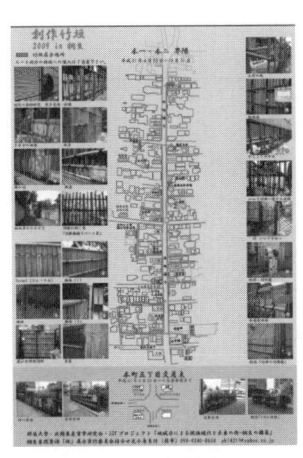

図3-8　創作竹垣の一例（左）と探訪用のマップ（右）

竹垣による路地の整備と街歩き観光・路地裏観光の推進、街歩き観光客の増加に伴う民家のプライバシー保護とトラブル回避、竹垣展示場所の提供による造園業者への支援と技術伝承など、伝建地区の景観改善による新しい観光資源の創出による竹利用の可能性の実証を試みた（エネルギー利用は既存の技術で可能）。このようなアプローチは、バイオマスの伐採と乾燥に関する適正技術のひとつであるとも言えるが、その成立のためには、それを「商品」として流通させるための、指針1-3に関連して後述する社会的な枠組みないし受け皿が必要である。

■小水力発電資源賦存量調査

小水力（スモールハイドロ）といわれる水力発電の規模は、NEDOの分類では1000-10000kWが小水力、100-1000kWがミニ水力、0-100がマイクロ水力ということになっており、小水力といってもかなり大きなものとなっている。新エネルギー法やRPS法で扱う「新エネルギー」やその対象は1000kW以下のものである。また、再生可能電力の固定価格買い取り制度（FIT）の買い取り価格の区切りも1000kWにある。したがって、ここでは、1000kW以下を小水力とし、1ないし数世帯分の電気を賄える1-10kWクラスを「マイクロ小水力」、集落単位の50-200kWを「ミニ小水力」、さらに大きな単位の500－1000kWを「大型小水力」と呼んでおく。

さて、2010年度環境省ポテンシャル調査による賦存量データ（図3－9）では、1000kW以下の小水力の部分で、出力が小さくなるほど賦存量も小さくなるということになっている。しかし、本来、河川上流の支流部については、流量は少なくなるとしても勾配は主要河川よりもさらに大きいので、小水力発電適地の地点数は規模に反比例して多くならなければならない。一方、水量の合計量は、伏流水として表面水量から失われる部分があるとはいえ、主流のそれに匹敵するはずである。したがって、規模が小さいほど賦存量が小さくなるという図3－9の意味するところは、実際に賦存量が小さいのではなく、単に、多数の支流・渓流に関わる小水力の賦存量の把握が、従来の専門業者等による測定ではできていないことを意味する。そのような但し書きなしにこのようなデータが出されていること自体に、これまでの賦存量の把握方法に関する問題が反映されている。

すなわち、適正技術や地元の資源はだれのものかという視点からは、賦存量の把

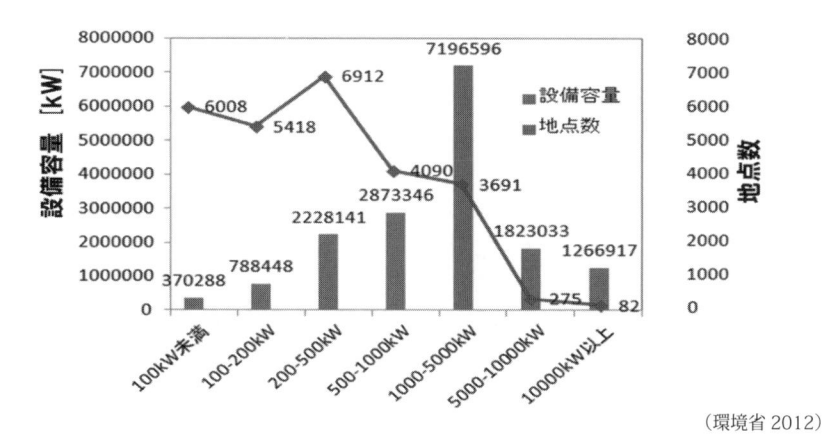

図3-9 小水力発電の賦存量（1000kW以下に深刻なデータ不備がある）

握を、国土交通省の河川データや専門業者等に任せるという従来の方法では、規模の小さい河川については、手が届かないという状況があるということである。

このような状況の打開には、地域の人々自身による確認や測定が必要である。これまでそのようなアプローチがなかったのは、まず第一に、地域のエネルギーを外部の事業者が利用するいわば収奪型の事業モデルの立場からは、小規模になるほどメリットは薄れること、第二に、地元に頼る調査は地元の主体的意識を高め、外部事業者にとっては逆効果を生みかねないこと、などからであろう。補助金漬けの高価格な事業を生業としてきた一部小水力関係者にとっても、地元の主体形成は望ましいものではなかったはずである。まさに、「地域の自治の基軸は水利である」（小田切徳美明治大学教授の講演の中の言葉）。

2012年に、本領域は、徳島県名東郡佐那河内村を支援する形で、徳島再生可能エネルギー協議会の協力を得て、約80ある全集落の参加で、「さなえね調査：水のゆくえ・暮らしのすがた」と題する小水力ポテンシャルと需要状況を把握のための地元学調査を試行した（図3-10参照）。

この調査は吉本地元学の方法を忠実に採用し、事前準備として、①全村民への案内、②全地区常会への参加要請（調査当日に案内人を出す、発表会には、常会長、補佐の若手、女性の3名に必ず参加してもらうこと）、③資材準備（模造紙、多色マジック、写真プリンター、はさみ、糊、セロテープ、裏打ち用テープなどを参加人数に応じて十分準備

図3-10　佐那河内村での地元学調査

する)、④事前調査を行い、当日は、地元学調査員(外部者)、地元案内人複数、役場関係者がともに現場を歩き、そこにあるもの・生活のすがたを1日かけて見聞きし、帰ってから1日かけて模造紙にまとめる作業を行い、2日目の夜発表会を行った。このときの調査では、平行して走る何本もの農業用水や排水溝の位置などを細かく吟味したほか、ハウス栽培や住居の位置など、需要との関係も吟味された。発表会には、それぞれの地区から計80名以上の方々が参加され、それぞれの地区に絡む水の状況や需要形態について熱心な議論が行われた。

　この調査方法もおそらく適正技術のひとつに加えることができると考えられる。ただし、そのような地域ごとのデータをどのように自治体レベル、国のレベルのデータに集約し、活用していくかについては、後述するPEGASUSのような情報プラッ

トフォームが必要になってくる。

　このような調査のあと、適地についてより詳細な調査を行い、住民のなかで事業形態を構想し、合意を形成し、設備導入の事業計画を確定していくプロセスに入ることとなる。そこでは、当然経済性が重要な論点となる。

■小水力発電設備

　発電設備のコストについては、これまで、小水力関係者のコミュニティにおいては、高値安定型の常識や慣行が横行していた。重機を多用し、高熱を扱うバイオマスガス化発電の実証機段階でもkW当り設備コストは、土木工事を入れても200万円程度であり、商用機としては100万円を切ることが条件となっていた（それが実現しないため、木質ガス化は低迷している）。これに対し、小水力発電においては、常温の流体機械および土木工事だけであるにもかかわらず、図3－11にあるような高価なプロジェクトがまかり通ってきた。

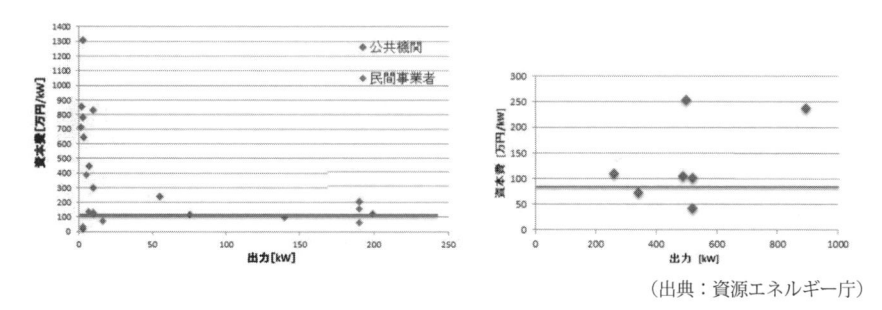

（出典：資源エネルギー庁）

図3－11　小水力発電設備（左：出力200kW未満、右：200kW以上）の建設費

その原因は、公的費用ベースのプロジェクトや経済性を追求しない事業が多かったこと、需要地から離れたところで発電を無理に行う計画であったことなどからとは思われる。現在、再生可能電力の固定価格買取制度の中で、小水力の普及のために電力買い取り価格をさらに上げよといった議論もある。しかし、高価な買い取り価格の設定は、高価な非適正技術を社会に存続させることになる。この点に関しては、すでに現状の買い取り価格自体に問題がある。技術、価格および計画の適正性については、今後さらに厳しい評価が必要であろう。

　本領域では、分散エネルギータスクフォースで、系統に連携しない場合を含めた、小水力における適正技術についての議論を行い、小水力の導入手引きと、担い手づくり（主体形成論）について、手引書を出版するとともに、kW当りのコストが20万円程度となり土木工事次第ではkW当り50万円程度を実現できるマイクロ水力用完全防水型発電機の開発を、飯田市の民間企業グループ、NESUC-IIDA（飯田ビジネスネットワーク支援センター）、㈱マルヒと追求し、すいじんの開発を行った。さらに、群馬大学天谷賢児氏（宝田プロジェクト）の指導のもと、公益財団法人南信州・飯田産業センター飯田ビジネスネットワーク支援センターの木下幸治オーガナイザーらと本格的性能試験を行い、市価1万5千円程度のモーターボート用プロペラを用いても、プロペラ効率50%程度は実現でき、流量0.1m^3/s落差2m程度で、2-3kWの発電を行うことができることを確認した（図3-12）。このようなすいじんも、適正技術のひとつといえると考える。

　ただし、上記のコスト実現のためには、土木工事までを一体化したパッケージでの提供など、さらなる工夫が必要である。また、当然のことであるが、流量が少な

図3-12　すいじん（左1枚目）と性能試験（2013年3月）の様子

いが落差があるという場合には、島谷プロジェクトが導入したペルトン型が有効であるし、その他の可能性もある。これらについては、ブックレット『小水力発電を地域の力で』（生存科学シリーズ３；公人の友社）や長野県の「地域密着型小水力発電事業導入の手引き」(2012)、島谷ら、「中山間地域における小水力発電による地域再生の可能性」(2013) などをご覧いただきたい。

一方、地域での小水力導入を主題とした駒宮プロジェクトでは、富山地方での伝統的ならせん水車を復活させることを狙い試作機を岐阜県郡上市石徹白地区の農業用水路に設置した。しかし手作り性が高く、コスト的に課題が大きいことが明らかとなった。その副産物として、出力は5W程度であるが、現行価格8万円程度（高い！将来より安くできるはずである）で、水力発電を楽しめるキットを開発した（図３－13）。

このキットは、被災地でも、歩道等の照明に活躍しているという。らせん水車の場合は、流量さえあれば落差を必要としないため、今後さらなる可能性の探求を期待したい。

島谷プロジェクト、宝田プロジェクト、亀山プロジェクトでは、価格破壊をめざした発電機すいじんによる地域住民を巻き込んだ実証テストを行い、一気に小水力への関心を高めている。また、島谷プロジェクトでは、地元の企業等との発電機やパワーコンディショナーの開発も進めている。小水力発電機および土木工法の開発においては、異物の除去などのメンテナンスの容易性や、河川増水時に設備が破損することを回避する工夫なども重要である。近い将来、全国で先進的な試みの成果が交流されるようになることを期待したい。

図３－13 「ピコピカ」(左)
小学生たちが組み立てたピコピカの動作を確認（岐阜県恵那市）(右)

■市民工事・市民普請

　地域のインフラ工事は、これまで行政と専門業者の仕事であった。土木工事を計画段階から市民が参加して行うことで、場合によっては事業費を大きく削減することもある「市民工事」も、適正技術に関わる重要なテーマである。計画や工事に参加することにより、地域住民は、地域空間に主体的にかかわる契機をもつ。「市民工事」は、大阪府寝屋川市で 2007 年に行われた茨田樋（まんだひ）整備の市民工事や、横浜市 都市整備局 が進める地域まちづくり「まちぶしん」事業などに先例がある。本領域では、桑子プロジェクトが、新潟県佐渡市加茂湖において、計画作成、現場作業のすべてを住民・市民が行う湖岸の再生工事（「こごめの入り再生」）を行った（当事業へは、本領域と共通する課題を扱う早稲田大学環境総合研究センターに拠点を置く産学連携研究プロジェクト（早稲田大学とブリヂストン）W-BRIDGE が助成）。また、福浦地区では、地域の防災非難道整備プロジェクトを、計画立案から設計、資材調達、ボランティア募集、施行まで、全て地域住民が主体となって行った。住民の発案で、加茂湖の牡蠣漁で採れた牡蠣殻、間伐材を利用した環境配慮工法で行われたことから、2013 年エコジャパンカップ奨励賞を受賞している。本プロジェクトでは、プロジェクト開始直前の 2008 年 7 月に、「みんなが先生、みんなが生徒」をモットーに、市民・漁協・研究者・行政機関などが連携しながら、加茂湖水系の自然再生とその周辺の地域づくりに取り組むための任意団体「佐渡島加茂湖水系再生研究所（通称：カモケン）を創設した。その後、カモケンを通じ、加茂湖のヨシ原再生実験、環境教育、景観づくり、周辺地域の歴史・文化の掘り起しなど、地域住民が身近な環境のマネジメントに主体的に取り組むためのきっかけを作ることに留意し、様々な住民が地域空間の再生にかかわるなかで、2012 年には、一集落が主体となり、環境配慮型工法で市民工事を実現するまでに至ったのである。「市民工事の実施主体としてのカモケンで特筆すべきは、市民組織であると同時に、コモンズ再生の専門的技術をもったプロフェッショナル集団として成長していった点である。」（桑子プロジェクト公開報告書より）

　なお、土木学会では 100 周年記念事業として「市民普請大賞」が新設され、現在募集を行っている（2014 年 3 月現在）。

■情報基盤整備の必要性

　再生可能エネルギー利用、EV 交通、木材・竹利用などについて、適正技術に基づく計画と仕様設計をおこない、地方財政・地域環境・市民生活を守るためには、全国でバリューチェーン変革の力を市民から引き出すようなデータプラットフォームを共有することが望まれる。その例としては、PEGASUS（www.pegasus-web.org）がある。PEGASUS は専門家から一般住民までをユーザーとして想定し、利用者の水準に合わせて条件設定や結果表示が容易にできるよう配慮を行い、2004 － 7 年にかけて文部科学省リーディングプロジェクト（「一般・産業廃棄物バイオマスの複合処理・再資源化プロジェクト」リーダー：仲 勇治 東工大教授）の一環として著者らが開発したものである。PEGASUS では、自治体の廃棄物、環境・エネルギー関連分野の職員、参加型事業に関わる住民に、代替案の検討・比較、情報の共有や合意形成などのツールとして「大規模・集積型資源利用」サブシステム、地域での再生可能エネルギーの計画ツールとして「分散型資源利用」のサブシステム、さらに、メーカー等が新技術情報を計算に利用できる形で搭載するツールとしての「技術テンプレート」機能、また利用者の学習のための情報提供のツールとしての「知恵袋」を用意している。すでに供用を開始してから 7 年を経過しており、温暖化対策の目標値も大きく変わり、東日本大震災後の防災対策や固定価格買取制度の発足など、再生可能エネルギーをめぐる地域の緊急性にも大きな変化が生じているいまこそ、PEGASUS と基本精神を共有する、より実装・事業計画構築支援の機能を強化した基盤的データプラットフォームの実現が望まれる。その際には、その基本コンセプト（1．全国のどこでも・だれでも、2．全分野横断（各省データにリンク）、3．あくまでも大まかに、4．公正に（データの根拠の確認可能性）、5．いろいろな評価軸で（エネルギー、CO_2、コストなど））を継承しつつ、GIS による再エネ導入施設の地図表示・閲覧機能（施設稼動状況を含む）、社会技術設計支援機能（地域基本条例、集落ルール、事業計画立案・評価など）メンバー間コミュニケーションプラットフォームなどが加えられ、管理運営も、準公的な組織で行われることが望ましい。

　なお、本領域黒田プロジェクトで開発され、内藤プロジェクトでも類似の方法が適用された地域産業連関分析ツールとの連携も考えられる。また、内藤プロジェクトで行われたように、ツールによる計算を市民の議論と連動しながら行っていくことや、市民への使いこなし方の普及も重要である。

「指針1－3　再エネ・省エネ社会の実現を支える地域内ネットワークとヒトを
つくる：「まちまるごとネットワーク」と「ネットワーク型人材」」

（1）まちまるごとネットワーク
■まちまるごとネットワーク：三つの事例とその性格

　本領域では、多数のプロジェクトが、地域の主体形成やネットワーク構築による活性化に取り組んだ。かつて絹織物で栄えた人口約12万人の地方都市桐生を「脱温暖化未来のまち」にするという宝田プロジェクト、かつてたたら製鉄や炭焼きで栄えた現在人口約1600人の島根県浜田市弥栄地区に昭和30年代のにぎわいを取り戻し、人口を5000人台にすることをめざす藤山プロジェクト、九州の聖地高千穂に近い宮崎県西臼杵郡五ヶ瀬町に、I/Uターンの促進と産業創出のため、地域の全員参加による仕組みを開発するという島谷プロジェクト、それぞれが、まちやむらまるごとの作り直しを試みるものであった。基本的な共通点は、住民・関係者の参加型ガバナンスを強化し、それにもとづいて地域資源利用を推進し、21世紀のにぎわいをもつまち・むらを作るという点である。

　相違点は、まず、今回のプロジェクト関係者と現場との関係である。

　宝田プロジェクトの場合は、プロジェクト関係者のほぼ全員が桐生在住である。もちろん、生え抜きの人ばかりではない。また、大学関係者は、グローバルな学術の競争の中にあり、地域とのつながりが専門的研究に直接資するわけではない。そのため、多くの地方大学においても、教員は、地域のコミュニティとは別の専門家のコミュニティに属して生活している場合が多い。さらに、教員は先生であり、市民側から一目おかれると同時にたてまつられ別扱いされることが多い。しかし、東京圏との距離のある場所にあり、しかも、戦災による焼失を免れた建造物も多く、明治以来の富がなお蓄積されている人口約12万人（表3－8に推移を示す）、面積274.6km^{2}の桐生市には、赤城山、榛名山を遠望し、渡良瀬川と桐生川が合流する山紫水明の町固有の、独自の気風と活気がある。教員の中にも、その地を愛し、そこに住むことを楽しむ文化も存在しているようであった。実際、再開発されたJR桐生駅前のイメージとは異なり、町なかには、こぎれいな花屋、お菓子屋、本屋も多く、軒を並べるブティックは夜8時まで営業している。

　宝田プロジェクトには、多様な地域関係者も含まれてはいたが、当初は、この独

自のプライドをもつ地域とは異なるレイヤーに所属する大学教員が、大学のレイヤーから地域のレイヤーへの働きかけを行う、という実験的構造の中にあった。

表3-8　桐生市の人口推移

年	人口
1960	123,010
1970	133,141
2005	128,037
2010	121,704

　藤山プロジェクトの場合は、島根県の組織である中山間地域研究センター（平成10年設立。現在の施設は平成14年に広島から宍道に向かう国道54号線沿いの飯南町に設置された）の研究統括監の藤山浩氏とセンターの研究員および浜田市の市街地側に位置する島根県立大学の教員と研究員が、旧弥栄町である浜田市弥栄地区に入るという形になっており、同じ県民ではあるが外部性と行政的上下関係が絡む構造の中にあった。一方、弥栄地区は、浜田市に合併するにあたり平成17年に制定された浜田市自治区条例に基づき、当面平成26年度までという次元つきで設置された自治区である。固有の資産をもち、事業を行うこともできる自律性のある地域であるが、面積105.5km^2（うち森林が84km^2：森林率80%）、2010年国勢調査：世帯数591戸、人口1,494人、人口密度14.2人/k、高齢化率約平均41%の過疎地域で、表3-9のように人口の逓減が進んでいる。ただし、村の畔はきれいに刈り込まれ、いたるところ美しいたたずまいを見せている。

表3-9　弥栄地区の人口推移

年	人口
1960	5,288
1970	2,853
2005	1,612
2010	1,494

したがって、藤山プロジェクトは、室町時代から伝わる伝統文化である石見神楽など、文化的にも独自性があり、財産区をもつ自治区という特別の自律性をもちながらも、自治区条例の規定により、これからのあり方の見直しの時期を迎えつつあり、また、集落によっては高齢化率80％という限界に直面しガバナンスの危機を迎えつつある地域に対して、県の中山間地域専門家がアプローチを行うという構造をもっていた。

　島谷プロジェクトでは、種々のネットワーク（NPO、コンサルタント関係者ほか）とのつながりから、研究グループと地域との信頼関係の実現が確実に可能であると考えられた宮崎県臼杵郡五ヶ瀬町を対象地域として選定した。五ヶ瀬町は、最高地点の向坂山（むこうざかやま；標高1684m）から発し延岡市に向かう延長103kmの五ヶ瀬川の源流地で、人口は4812人（2010 国勢調査）、町の面積は171.77km^2 で、88％が森林であり、平均標高620m、標高差も大きく、平均年間降雨量は2000ミリ、年間平均気温は鞍岡地区では12-13℃と低く、日本最南端のスキー場（町の第3セクター経営）も有する独特の中山間地域である。人口推移および構成を表3－10、3－11に示す。

表3－10　五ヶ瀬町の人口推移

年	人口
1960	9,321
1970	7,104
2005	4,812
2010	4,427

表3－11　宮崎県五ヶ瀬町の人口構成（2010年10月）

	15歳未満	15～64歳	65歳以上	合計	高齢化率%
男	338	1177	602	2117	28.4
女	331	1082	894	2307	38.7
計	669	2259	1496	4424	33.8

プロジェクトがスタートした2010年10月、五ヶ瀬町は町民代表による審議会で第5次五ヶ瀬町総合計画（人間性回復のまちづくり、循環型社会・低炭素社会の実現、分権型社会への対応、を3つの重点戦略として位置付けた10年計画）を審議中であった（2011年3月に策定し公表）。一方その間、島谷プロジェクトは、観光協会の石井氏の仲介により、五ヶ瀬町の人々へのヒアリングを行っている（半年間で延べ500回、150人）。その中から、地域の人々の希望や懸念、およびコミュニティの構造を把握し、地域のI/Uターンの促進と産業創成のための全員参加の仕組みの開発に取り組んでいった。しかし、行政との関係の構築には時間がかかった。

外部から対象地域に入った大学と行政の関係構築に時間がかかった背因としては、総合計画策定の時期であったことも影響していた可能性がある。いずれにしても、行政からの支援あるいは行政との連携関係なしに、外部者が、草の根の住民とのコンタクトの中から、地域で存在感のある新たな主体形成を試みるという構造が、上記2例とは異なる島谷プロジェクトの置かれていた条件を規定していると考えられる。

以下では、紙数の制約もあるので、好事例（ベストプラクティス）として、宝田プロジェクトと藤山プロジェクトについて、よりくわしく紹介する。

■中規模地方都市のまちまるごとネットワーク
①行政との連携の重要性

2007年2月、(1) 地域産業の振興に関すること、(2) 教育および文化に関すること、(3) まちづくりに関すること、(4) その他群馬大学および桐生市が必要と認める事項について協力するために、「群馬大学と桐生市の相互友好および連携協力に関する包括協定」が結ばれている。その1年半後の2008年10月からスタートした宝田プロジェクトでは、この包括協定の精神に基づいて、桐生市との太いパイプを生かしつつ、「脱温暖化と未来のまち—桐生」にかかわる具体的な研究開発項目ごとに、地域のステークホルダーをくまなく巻き込んでいく手法で体制作りが行われ、組織的な形で活動が進められた。

②中長期の課題としての脱温暖化をまちづくりと結び付けることの重要性

宝田プロジェクトでは、「脱温暖化」という課題の幅広さに対応し、以下に示す

ように多岐にわたる課題を組織的に実施し、市民に迫っていった。従来型のまちづくりでもなく、遠いどこかの話でもなく、大きな倫理的意味も含まれる課題と、町の具体的な活性化とが結びつけられたことで、気付きが生まれ、市民の参加意識も高まった。そのプロセスをイメージで示したのが図3－14である。

「脱温暖化と未来のまち―桐生」にかかわる研究開発項目は以下に列挙するように多岐にわたっている：
（1）大規模なアンケート調査によるマイカー依存型のライフスタイルの把握
（2）地域の公共交通（鉄道・バス）利用状況、観光入り込み数など基礎データの把握と整理
（3）交通分野からのCO_2排出量の算定

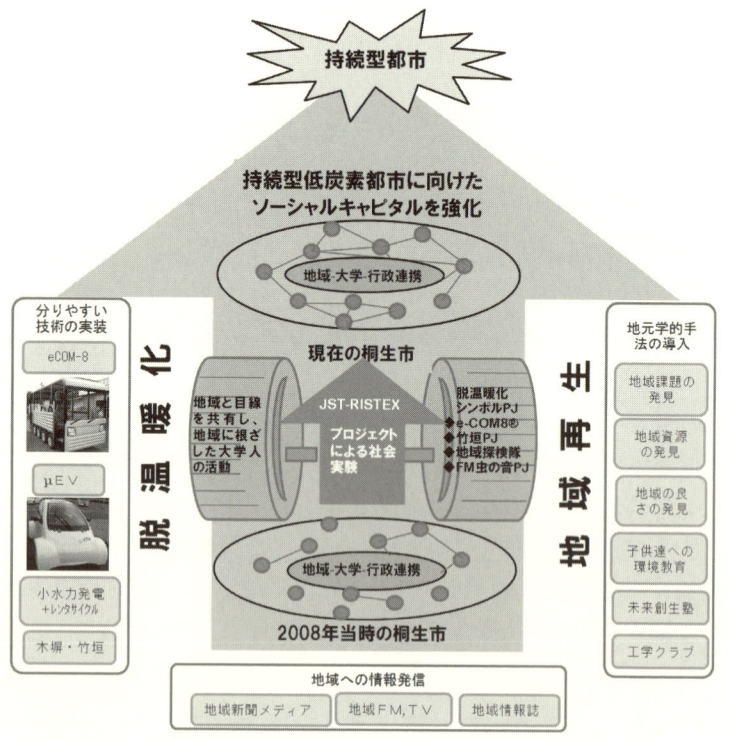

図3－14　新しい気付きと市民ネットワークを進めたふたつの車輪

(4) マイクロ EV 等超小型モビリティの導入に関する課題抽出と CO_2 削減効果の見積もり
(5) 低速電動バスの地域共同開発とその地域実装、ならびに地域への導入モデルの構築
(6) 低炭素移動手段としてのレンタサイクルの大規模導入
(7) 地元学を活用した地域資源の抽出（山間地域、商店街、伝建地域）とその活用
(8) 工学クラブ、子供地元探検隊、未来創生塾による世代を超えた担い手作り
(9) 市内全商店街を対象とした調査の実施と、市民の買い物行動調査との比較
(10) 地域の森林資源（木材や竹材）を活用した木（もく）塀や創作竹垣の開発と景観整備への応用
(11) 地域の木質資源を用いた炭培土の開発と商品化
(12) 小水力発電装置「すいじん」の基本特性の測定
(13) 上記各項目を有機的に組合わせた、コンパクトシティ構築のシナリオ作り
(14) 上記のような取り組みを実施するために必要な組織の構築法に関する研究、特に、目的の異なるステークホルダーが協同で課題を解決してゆくための方法論の構築、取り組みや手法の一般化と構造化、ソーシャル・キャピタル論的な分析
(15) 地域の合意形成手法の構築
(16) 桐生モデルによりどれだけの CO_2 排出削減効果が期待できるのかの算定
(17) プロジェクトの最終報告会の実施

　まず（1）のアンケートは、2012 年 11 月 1 日から 30 日（回答回収期限）にわたって（2013 年 2 月 26 日が最終回答回収日）、11 月 1 日付け桐生市内に住民登録されていた 49,411 世帯から無作為抽出された 10,000 世帯を対象に、世帯主に調査用紙を郵送し、家庭内で普段の買物をされている方に回答を求めている。有効回答数は 2,963 世帯（有効回答率 29.63％）であった。このようなアンケート企画のあとに、一人乗りマイクロ EV やレンタサイクルの社会実験事業、低速交通の開発のためのバス実験、さらに EV コミュニティバス（eCOM-8®）の導入が続く。これらを目にすることや、その報道は、市民の関心をいやがうえにも引き起こした。こうして、12 万人という決して小さくはない都市においても、プロジェクトの認知度は上がり、市民やステークホルダーの高い結集度が実現し、さらにそれらの効果の自

然な広がりとして浸透が進んでいった。

　市民との接点をさらに大きなものにしたのは、上記（8）の「工学クラブ」である。2007年3月19日群馬大学工学部と群馬県教育委員会の間の連携に基づく「工学クラブ」の発足（若年層の理系離れを背景に地域理科教育の充実を目的に工学部が設立）で、工学部から各学校を通じて子供たちへのダイレクトメールが可能となり、この組織体制の上に、本プロジェクトに関わる各種の企画が進められた。

③「地元とともに」の重要性
　大学と市民をつなぐ手法としては、吉本地元学も効果を発揮した（上記（7））。
　桐生では、吉本地元学調査を2回、子供地元学を1回行っている。2回の地元学は、それぞれ、有意義ではあったものの、問題も含まれていた。後述する吉本地元学の基本要件との関係でいえば、第1回（梅田地区）で行われた地元学では、その要件の大半が満足されていなかったため結果は不十分なものにとどまった。まだ当プロジェクトの工学部の先生方が、行政や地域自治会との連絡方法などに習熟しておられなかったためであった。第2回は、大半の要件については大きく改善され、大規模な地元学となった。調査対象は桐生市内各地の商店やお菓子屋さんであった。このときは、後述する要件の「5）住民は、地元の自慢や観光名所の話をしたい気持ちは抑え、訪問者の質問につきあう。」が実現せず、名所、有名店めぐりとなり、地元からの新しい発見という点では不満足感の残るものとなった。しかし、子供たちを交えて、町中を歩きまわるという第2回の地元学は、当プロジェクトと地元との関係をさらに発展させる契機となった。その後、子供地元学が行われ、子供たちが発見したことがらが絵と字でカードに表現され、桐生市内いたるところに活躍するようになった。

④関与者の協働を組織することの重要性
　まちまるごとネットワークの構築には、強い組織力が必要である。十分な根回し、筋の通った組織体制作りなど、関係者が課題を共有し、力を合わせることができるようにするためには、必要なステップをいとわないことが要点であろう。
　竹垣を町中に設置してまちの景観の改善、竹の利用促進、経済的切り出しと自然乾燥による廃棄物バイオマスの創出、コンペや撮影会による人々のつながりの強化

第3章　地域が元気になる脱温暖化社会を実現するために　111

などを行った「垣プロジェクト」では、図3－15、16に示すようにきわめて多くの人々および組織がその準備にかかわった。そのような組織力をもつ桐生の人々に敬意を表すとともに、垣プロジェクトが再開されることも祈りたい。

図3－15　「垣プロジェクト」で竹垣展示の準備や実行に関わった人々

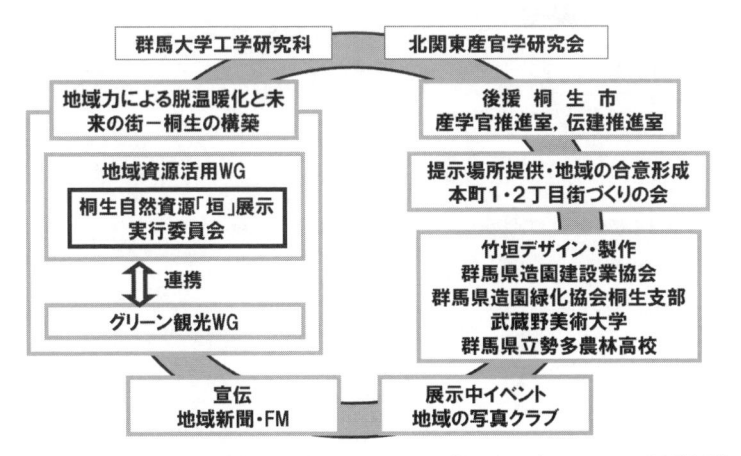

図3－16　竹垣を商品化する枠組みとしての「垣プロジェクト」の運営組織

⑤大学と地域の本格的ネットワークの形成の重要性と手順および条件

　本領域プロジェクトの開始以前から、群馬大学工学部（現在は理工学部）には、工学系の大学として地域企業との実質的連携の仕組みが存在していた。NPO法人「北関東産官学研究会」は平成13年に法人化しており、大学と市との包括協定締結以前から、桐生市からの財政支援も受けつつ産官学の連携が継続される仕組みが存在していた。さらに特筆すべきことは、プロジェクト発足前に、大学と行政が地域課題を協議する場として「まちの中に大学があり大学の中にまちがある推進協議会」という協議会が活動していたことである。同協議会は元工学部長で本プロジェクトの副リーダーである根津氏（現NPO法人北関東産官学研究会会長）が中心的に関っている。また、プロジェクト開始とほぼ同時に「次世代EV研究会」が発足してマイクロEVの開発が開始された。これにも宝田代表と副リーダー根津氏が中心的に関与しており、プロジェクト内に取り込まれることとなった。エコエネルギー研究会も宝田代表が中心となって発足した。さらに、市民団体、鉄道事業者、商店街、商工会議所との連携がこれらに加わり、地域と大学をつなぐ活動基盤が完全に整備されるに至った（図3－17）。

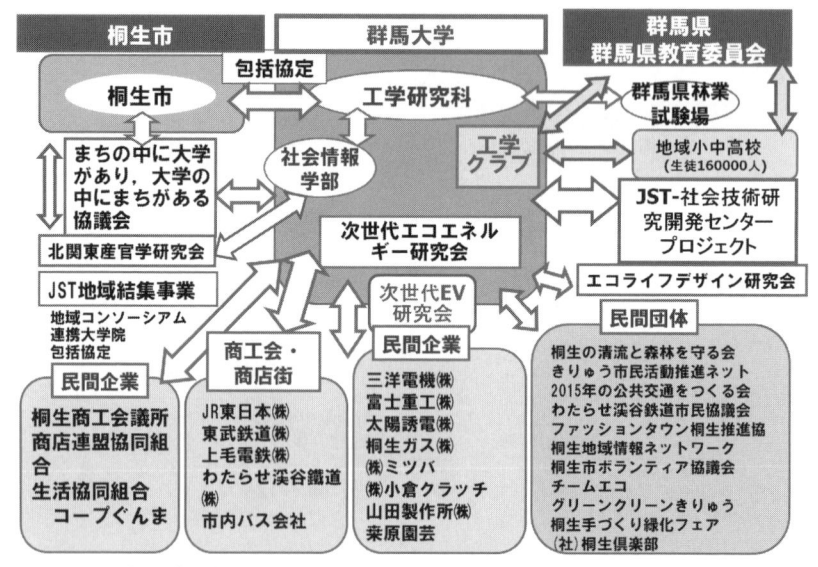

図3－17　宝田プロジェクトにおける大学と市を軸とした「まちまるごとネットワーク」

その後、マイクロ EV や低速 EV コミュニティバス開発の進展と、桐生市と大学の共同企画による各種補助金の取得にともない、地域での実走行試験や地域の再生可能エネルギーの調査が進められた。また、それらの活用空間としての、地域の観光資源や商店街の調査も地元学的な手法で進められた。さらに、工学クラブや SSH（スーパーサイエンスハイスクール事業）による高校－大学連携で低速電動バスの活用方法のワークショップ等も開催され、低速電動バスの開発も地域ぐるみの様相を呈するに至った。同時に市が長年進めてきた「伝統的建築群保存地域」への認定や JR のディスティネーションキャンペーン等が重なり、マイクロ EV や低速電動バスの活用意義もますます高まっていった。このように、群馬大学が長年にわたって積み上げてきた地域連携、行政の努力による伝統的建築群保存、市民理解など一連の取り組みが、今回本格的な段階に達し、大きな流れとなって地域の人々の目に見える形で現れ、脱温暖化未来のまち桐生への新しい動きが実感をもったものとなっていったといえる。重要なことは、図3－17の矢印は、群馬大学と地域の実質的つながりを表しており、それぞれのグループをつなぐ矢印に、人と人との顔と名前の見える温かい関係が存在していることである。

⑥その他の地域でも

　まちまるごとネットワークの試みは、程度や規模や分野の違いはあるものの、東京都文京区で花木プロジェクトが行った「家庭・学校・職場を通した主体的な脱温暖化行動を広めるための社会実験」、首都圏の住民と箱根・小田原地域を、「ボランティア・ツーリズム」を通じた交流で結ぶことをめざした亀山プロジェクト、斜面地居住・中心市街地衰退・高齢化等、さまざまな問題点を抱えている北九州市の既存市街地で、市民自身による低炭素化とまちづくりの実践の仕組みとして「エリアマネジメント公益法人」設立をめざした宮崎プロジェクト、あるいは、県レベルではあるが、滋賀県を対象として、地域の人々との協働のもとで持続可能な社会のビジョンを描きその実現のための道筋（ロードマップ）を作成するシナリオづくりの手法を開発し実施した内藤プロジェクト、さらには、後述する消費者とスーパーや百貨店という流通の現場をつなぐプラットフォームを開発した永田プロジェクトなどにも見出される。

■中山間地域におけるまち・むらまるごとネットワーク
① 「地元とともに」で大きく展開

　藤山プロジェクトでは、県の中山間地域研究センターの研究者と島根県立大学の教員および研究員が弥栄町に「やさか郷づくり事務所」を設置し、町の活性化に取り組んだ。しかし、当初、地元とのこれまでよりも一段と密着した関係構築を目指しながらも、その手掛かりがつかめていない状況がみられた。このため、関係構築を吉本哲郎氏の力を借りつつ行うこととした。しかし、地元学の要件（前述）についての理解はこの段階では、研究者に十分共有されていなかった。そのため、弥栄地区での第1回の試行的地元学では、3－3の（1）に記した地元学の要件の1）「地元学調査を行うことを、自治会等の公式のルートから住民に周知し、了解を得ておく。」、2）「地元学調査は、外部からの訪問者と地元の案内人の両方を含むチームで行う。」および11）「最終日に、住民側の主催で、住民全員を対象として、報告会を行う。」が満足できていなかった。このため、プロジェクト側が、勝手に行っている調査のようになってしまい、桐生の第1回と同じ現象が起き、地元側が警戒しつつ対応する状況もみられた。当然発表会への参加者も多いとはいえなかった。しかし、このような事態は、吉本氏の予想外の動き方によって大きく展開した。吉本氏は、夫に先立たれてふさぎこみ、一人閉じこもりがちになっていた小松原悦子さんの家を訪問し、おかれていた昔の思い出のアルバムを見ながら話を聞き、一代記として、説明会に来た女性陣の前で披露した。この展開により、女性たちの中には、涙をする人も出、第1回地元学調査の弱点を補い、地元に根付くものにして下さった。その後、小松原さんはすっかり元気になられ、草刈りなどにもせっせと出られるようになった。

　弥栄地区では上記を含め2009年度だけで6集落で地元学調査が行われたが、第2回以降は多くの要件を満たす形で成功裏に行われ、人口の多い地域では、集会所の大部屋がいっぱいになるほど人々が参加するようになった。同時に、弥栄郷づくり事務所の活動も地元に密着したものとなった。しかし、お元気になられたあと、小松原さんは、平成25年に逝去されている。ご冥福を祈る次第である。

　地元学の様子を、図3－18に、また小角（こずみ）地区で2010年に作成された絵地図のテーマを表3－12に示す。

第3章 地域が元気になる脱温暖化社会を実現するために　115

図3-18　弥栄地元学のひとこま

表3-12　2010の弥栄年地元学小角地区での絵地図テーマの一例

2010/7/13	N・H　N・H(夫婦)	子や孫を思いやる夫婦畑	野菜づくり
2010/7/13	M・K	人がいれば残るものがある	生活の知恵　集落活動
2010/7/13	M・K	M・Kさんの生きる力　竹と木と山の匠	山師
2010/7/13	M・K	Kさんのお宅の歳時記	四季・一日の暮らし方
2010/7/13	Y・T	食べてくれる人の喜ぶ顔を見るのがうれしい	野菜づくり
2010/7/13	Y・T	枝あり根菜畑	野菜づくり
2010/7/13	Y・T	家の裏はカボチャの大海原	野菜づくり
2010/7/13	Y・T	保存食や漬け物の作り方　石臼の今	野菜づくり
2010/7/13	Y・T	家の前に虫よせの葉ボタンがあった	野菜づくり
2010/7/13	M・K	ここが私の生きる場所　Kさんちの幸せ菜庭園	野菜づくり
2010/8/18	K・K	H家の守り人	散歩の達人
2010/8/18	M・K	毎日のんびり暮らしてるけえね、人間のほほんですよ	野菜づくり
2010/8/18	T・N	暦の名人に聞きました　木竹草には切り時がある	木使いの達人
2010/8/18	T・N	枝あり歴史あり自然に楽しみしっかり住まうNと弥栄	生活と歴史
2010/8/18		弥栄の出汁を取ろう　そりゃ美味しいわぁコクがある	料理の達人
2010/8/18	安城公民館	何でも作れる弥栄のじいちゃんばあちゃん達　商品化できるかな？	ちいちゃん達
2010/8/18	H・K　S・H	文書で残す　安政から続く155年の歴史は写真で伝える	歴史伝承
2010/8/18	小学生	子どもの遊び場　泊々瀬	子どもの遊び場
2010/8/18	K・S	人を想いんを癒すものづくり	野菜づくり、植物栽培、山菜採取
2010/8/18	K・T	山に生きるK・Tさん	山師

２０１０年の地元学のまとめを報告書から引用する：

> ３年前は、集まること自体を「難儀なもの」と思っていた集落が、地元学をきっかけに、４年ぶりに神楽奉納を含めた秋祭りを執り行った。かつては昼食づくりを渋っていたが、「一品ぐらいはつくろうや」という言葉が挙がり、「出身者を招いての秋祭りをしたい」との思いに発展した。祭りに際して、「人が集まるのが楽しみで、夜も寝られんけぇねぇ」、「この小さな集落にこれだけ大勢の人が集まってくれて感動した」という感想が寄せられた。（小角集落）

２０１１年の地元学では、行動する地元学を意識して進められたという。そのまとめを報告書から引用する。

> 　地元学実践を経て、集落における主体生成が進んだ。地元学実践によって生まれた具体的な動きには、秋祭りの復活や水力発電機の試作・設置がある。
> 　さらに主体生成を促進するためには「つなぎ役」の存在がきわめて有効であることが明らかになった。具体的には、集落住民による案内人（世話人、後見人）および中間支援組織（2010年当時は「やさか郷づくり事務所」）がこれに相当する。「つなぎ役」は中山間地域と都市をつなぐ場面でも必要であり、人口還流や週末滞在等の二地域居住を進めるにあたっては、これら「つなぎ役」の育成・設置を重視していく必要がある。
>
> 　　　　　　（平成22年度研究開発プロジェクト年次報告書を、一部加筆修正）

②吉本氏のメモから

　このような地元学の展開の陰には、郷づくり事務所の人々と吉本氏と信頼関係と議論、地域の人々との深い付き合いがあった。吉本氏のメモの一部を紹介してその様子を伝えることとする。（スペースの都合で原文の改行は略している）

　「10時頃、梅田文子さん（田野原集落）宅に行った。6人（皆田、橋本、藤田、学生、吉本、横尾）。梅田さんと一緒におはぎを作った。1升のもち米から57個？以上の

おはぎができた。ほか、きゅうりの酢の物、まめのごま和え、ポンジュース。文子さんは語る。「私はこしあんが好きなの」、「もちは好きだけど、人がたくさん来ないと作れないからね」。今日はおはぎ名人の出番、お腹一杯、おはぎを食べた。文子さんは、大勢で食べる食事がとても嬉しそうだった。皆田、藤田、学生は、おはぎのお礼に、梅田さん宅の前にある田んぼ跡の草刈りを手伝った。「別に刈らなくてもいいんだけど、刈らないと獣の住みかになっちゃうからね。朝、陽の出ないうちに刈るんだけど、一人じゃ終わらなくて」。お礼にナスや豆をいただいた。スズメバチが巣を作っていた。酒と酢と砂糖でつくる蜂とりの仕掛けを二つ作ってプレゼントした。」（2011年9月17日（土））

「地元の案内は小松原峰雄さん、前回小坂の地元学をやったとき、自治会長だった人、今もみずからも活動し、若い人たちの活動を支えている。「ほんき村」という会社を、米の生産と販売をやっている人たちでつくり、浜田で活動している。米の粉もつくり公民館の藤井礼子さんといっしょにお菓子づくりもやっている。峰雄さんは語る。「地元学をやったのが大きな転換点になった。あれから、これならやれると思うようになった。イケイケドンドンでやるようになった。公民館も4、5百万円でつくった。米の販売で毎年2百万円ためて10年間で2千万円になっていた。宝くじの助成金もいれてつくった。役場から毎年3百万ずつ出すというのでやりたいことを出した。それまではあんまり出てこなかったけど、いっぱい意見が出てくるようになった。」公民館の整備、県立大学生の宿泊研修所、寮、グリーンツーリズムなどである。

私も話をした。せっかくの地元学を無駄にしないようにしたい。ここにイモリをとらないように看板を立てよう、グリーンツーリズムをしたい、と地区の意見がある。イモリをとらないように看板を立てるのは、小坂地区環境協定にしたらどうか、グリーンツーリズムは水俣が実践している「村丸ごと生活博物館・小坂」にしたらどうか、である。今回は試しに、案内してもらって、村丸ごと生活博物館・小坂」の第一歩にしたいといった。

村を案内してもらった。最初に小松ファーム、29歳の青年が社長になり、10種類の野菜をつくり、北は北海道から南は沖縄まで出荷していた。選別し秤、袋に入れてダンボールに入れて出荷していた。13人が手伝うとのこと。親戚が多いとのことだった。10人で生産組合をつくっている。それぞれが社長になっている。

販売の会社もつくっている。全員で2百万円出資してつくっている。・・・・」(2011年9月18日)

③生業づくりをつうじたネットワークの展開
　郷づくり事務所は、浜田市役所弥栄支所産業課と連携して活動し、やさか新聞の発行、やさか楽校の開校、地元学の実施支援などをはじめ、多様な地域支援型の活動を行った。この過程で、従来進められてきた単一作物等による規模拡大ではなく、肥料作りから加工・販売や他産業兼業までを複合化させ、実質的な所得を向上させる試みを、「有機の学校」などで、移住者や新たに始まった兼業型就農の研修生も加わって実施している。人口還流に不可欠な耕作放棄地の活用や、鳥獣対策の研究、生産物の加工と販売の手法開発（女性グループ）、「やさか加工グループ」と県内のイタリアンレストランの連携によるスイーツ開発、脱温暖化のための再生可能エネルギーの開発などもすすめている。地域住民のみならず移住者も含めた休日林業グループで設立した「木出し会」では、集材、販売を実施。近隣都市住民と地元住民による「薪割りの会」の立ち上げ、薪ストーブを自主開発する「えねる工房やさか」の誕生と、1、2号機の登場。農業分野では、特許を取得した農業用の薪ボイラーも設置されています。2011年には、弥栄支所産業課の指導で、弥栄町青年農業者会議（やさか元気会）が若手農家グループで結成され、都市団地への「軽トラ市」が始まり、少量多品種生産を活かす流通実験として移住者やベテラン農家も巻き込み継続中。冬には、弥栄への訪問交流や団地内への防災ステーション整備（弥栄の米、水、薪備蓄）も実現し、多面的なパートナーエリアの構築が進んでいる。また、総務省の「集落支援員」・「地域おこし協力隊」の研修プログラムと連携した人材育成にも取り組んできた。
　本プロジェクト期間の終了により、やさか郷づくり事務所は惜しまれながらも解散し、主に弥栄支所産業課にその多くの業務を引き継いだ。研究員たちはそれぞれの新しい場所で頑張っているようである。現在、自治区の見直しが進められる中、このような弥栄の元気の回復は、新たな形での持続的な自治区の存続に向けておそらく積極的な意味をもつものと期待したい。
　本領域では、中山間地域におけるまちまるごとネットワークや生業づくりを通じてネットワークを広げていく試みは、大日方プロジェクト（長野県長野市鬼無里地区）、

田内プロジェクト（高知県仁淀川町）などでも行われた。しかし、徹底した地元学的手法の駆使という点では、5年プロジェクトであり、また、郷づくり事務所という強力な部隊を構築できた藤山プロジェクトに1日の長があるといえる。とはいえ、大日方プロジェクトでは、試行錯誤の果てではあるが、ダムを利用した小水力発電についての市の施策に対する住民の批判的認識の発展を生み出し、鬼無里地区のガバナンスを再構築しようという持続的動きが始まっている。すなわち、平成の大合併のあと、自治が遠のいて行くことに大きなあきらめをもっていた住民の意識が変わり、もう一度自分たちの地域の問題を自分たちで考えようという動きを作りだしたことは大きな成果であると言えよう。

鬼無里地区では、プロジェクト関係者の意識的な努力もあって、住民自治協議会の体制（会長任期を当初の2年から1年にしたため、機械的なローテーションが行われるようになり、一層の弱体化を招いていたなど）の見直しの検討委員会が平成25年度を通じて進められ、3月の自治協臨時総会で、会長任期を2年に戻すほか、従来任命制であった各部の部長・副部長を部から役員会への推薦制に変えるなどの会則改正が承認された。

すべては、持続的なものとして何を開発し定着させていくのかが問題である。これからも、各プロジェクトのかかわった地域を大切にしていきたいと考える。

（2）ネットワーク型人材の育成

地域・分野・世代間を横断したネットワークを持つ「四次元ネットワーク型人材」（異分野・異業種といった2次元的広がりに、国、自治体、企業、民間など情報集積とマネジメントの次元を加え、さらに年齢の異なる社会階層の時間軸を入れた4Dのネットワーク）の育成の構想自体は当初からあったものの、その実現にふさわしい提案が得られたのは3年目の公募からであった。社会人を含む、高等教育以上については白石プロジェクトが、また幼保、小中等教育については花木プロジェクトが人材育成に関わるテーマでの研究開発にあたった。

当初、白石プロジェクトの立ち上がりは緩やかであったが、3－11後、急速に展開し、早稲田大学早稲田キャンパスを「場」として行われた「復興人材塾」と、龍谷大学深草キャンパスを「場」として行われた「再エネ人材塾」は、それぞれ表3－13、14に示すように、多方面からの多様な年齢の参加者からなる四次元的

表3－13　復興人材塾（於早稲田大学）参加者の4次元性（分野年齢の広がり）

所属	参加者数	平均年齢	20-29	30-39	40-49	50-59	60-69	その他
企業	29	38.1	7	11	5	5	1	0
自治体	5	39.2	1	2	1	1	0	0
学生	23	22.2	17	1	0	0	0	5
自営・個人	37	40.2	9	9	1	11	3	4
大学教員	3	43.7	0	2	0	0	1	0
合計	97	35.3	34	25	7	17	5	9

その他の9名のうち8名は19歳以下、1名は70歳以上で自営・個人。
無回答は、個人にカウントした。

表3－14　再エネ人材塾（於龍谷大学）参加者の4次元性（分野年齢の広がり）

所属	参加者数	平均年齢	20-29	30-39	40-49	50-59	60-69
NPO	19	46	1	5	5	5	3
企業	10	43	1	4	1	2	2
自治体	8	40	0	5	1	2	0
学生	8	27	7	0	0	1	0
団体	6	49	0	2	1	2	1
自営・個人	4	50	0	1	1	1	1
大学教員	4	45	0	0	3	1	0
議員	2	57	0	0	0	2	0
合計	61	45	9	17	12	16	7

熱気（!）を帯びたクラスが編成された。なお、これらの表は1回以上出た人のデータに基づくものであり、毎回の講義の延べ参加者数を示すものではない。

③地域が元気になる再エネ事業を行うための再エネ実務人材育成
○復興人材塾
　早稲田大学早稲田キャンパスを「場」とした復興人材塾では、地域で実践的に再生可能エネルギーの導入に取り組んできた講師陣による座学講座（全6回：2012年6月～8月）と、被災地への視察と復興プラン策定（2012年8月・9月）までを、人

材育成プログラムとして設計し、受講生の募集を行い、さまざまな背景を持つ受講生が集まった。座学講義においては特に定員は定めなかったが、被災地での実践活動への参加には人数制限を設け、志望動機や座学講義前後に義務付けたレポート（2回提出）の評価点、出席状況などを考慮した選抜試験を通して決定した。最終的には全6回の座学講義に約80名（のべ392名）が参加し、そのうちのべ37名が、現地視察を経ての提案創出までを含むプログラムに参画した。現地視察先は、①宮城県気仙沼市、②岩手県釜石市、③福島県会津地域、④福島県いわき市の4か所となり、視察前に、地域でのファシリテーションや現地ヒアリング作法を学ぶ、補足講義も行われた。各視察グループには、講義や視察を通して得られた知見をもとに、視察地域を対象として「具体的・実践的にどのような形で現地と協力していけるか」をまとめた提案書の作成が課された。この結果、研究開発実施者による「南相馬復興大学」「なんと里山元気塾」「アグローカルスクール」など、別予算を獲得する形で人材育成の取り組みが生まれた。復興人材育成塾の現場自治体の中からは、釜石、いわき、大崎などのケースように、緑の分権改革実証事業への採択、環境省の地球温暖化対策事業などに採択されて動き出しているものも生まれている。

なお、本人材育成プログラムを通じ、社会人や関東圏外の聴講希望者向けに、U-STREAMを利用した配信およびコンテンツの蓄積も試行的に行われた。コンテンツのアップデートや配信許可など、講座終了後の配信についての課題は残るものの、こういったWEB展開は、多方面からの多様な参加者を繋ぐツールとして必須であり、今後引き続き検討を続ける必要がある。

○再生可能エネルギー塾

前述した復興人材塾では、地域で事業を行う際に最も重要なアプローチとして、地域のニーズをどのように抽出し、どのように向き合うかといった点に焦点を置いた。それにより、多様な関心層のニーズに応えることはできたが、地域で活躍する再エネ実務人材に求められる要素である具体的な政策提言や仕組み作りに貢献できる人材育成に課題を残していた。そのため、龍谷大学深草キャンパスを「場」とした人材育成のための「再生可能エネルギー塾」では、受講者の地域での再エネ導入を明確に意識し、特にそのための計画づくり、条例づくり、資金調達を学ぶ場として再設計し募集を行ったところ、約60名の参加があった。塾の開校に先立ち、受講生に復興人材育成塾の講座や資料などを配布し、事前勉強をしてもらったうえで、

全6回の座学(2013年11月〜12月)、また実践の場として、福知山市夜久野の河川で、実際に流量を計測し、小水力の設計を行うワークショップを行った。また、人材育成プログラムの他地域への応用を行うことで、普及のモデルづくりを行う目的で、愛知県新城市で2013年8月〜9月に「再生可能エネルギー塾」を開催し、50名を超える受講者を集めた。

　受講生には地域の自治体関係者や、地元で再エネ事業を具体的に企画している者が多く存在しており、「学んだスキルを具体的な地域を対象に検討していきたい」、「今回でつながった受講生メンバーのネットワークを塾修了後も維持する設計をしてほしい」との要望が挙げられた。プロジェクトでは、再生可能エネルギー塾の先をいく、実装に向けた意欲の高い受講生が自主的に話し合いを進める場を提供するプログラムの開発に「地域再エネワーキング」として取り組み、受講生のフィールドで、再生可能エネルギー実現に向けた検討を始めている。例えば、再生可能エネルギー塾の受講者であった洲本市職員が中心となって、総務省の域学連携事業に洲本市が応募し、同事業からの資金を得て地域再生型環境エネルギー実装にむけた取り組みを開始している。同事業には本研究開発領域のプロジェクトから白石プロジェクト代表と島谷プロジェクト代表が正式に事業参加をしている。

　このように、本プロジェクトの人材育成プログラムを通じ、実際に地域で活動を開始する人材やグループを多数輩出したほか、形成された人材ネットワークにより、受講者や講師などで地域と地域の情報共有を行う地域間ネットワークが生まれるなど、人材育成プログラムの実施が、実際に人と地域を支えることにつながるということが確認できている。その理由について、プロジェクトでは、以下のように分析している。

　「人材育成塾の受講以前は、学習者にとっては特定の地域や事業と連携することが難しかった。多くの場合、全く関係のない人々が知己のいない地域に入ることは難しい。しかし、人材育成塾のサイトビジットを機に対象地域との連携が生まれるようにデザインすることで大きな変化が生まれた。大学とサイトビジットに行くことが学習者にとっては、地域に入るためのきっかけであるだけでなく、相談できる専門家集団をネットワークに持つ人材が地域に入ることになり、地域から見た際の信用や期待につながっていたからである。」

　なお、再生可能エネルギー条例については、2012年10月に本プロジェクトで

シンポジウム「地域でエネルギーをつくるルールづくり」が行われている。本シンポジウムの参加者130名と盛会で、全国ネットの報道番組で放送され、本プロジェクトが設定したテーマが高い関心を引き起こした。重要なことは、本研究開発領域の平成24年度シンポジウム「自然エネルギーは地域のもの」で提唱した地域再生可能エネルギー基本条例の重要性を前面に出し、制定をめざそうとする自治体の参加を個別に促したことである。地域再生可能エネルギー基本条例の実質的な第1号の条例制定を準備していた湖南市、第2号となった新城市、その後条例を制定した飯田市、洲本市など、参加自治体が条例制定を目指す自治体の人的で政策的なネットワークがその後の条例制定に直接的なインパクトを与えた（指針1－1「地域再生可能エネルギー条例の導入」参照）。

指針2　脱温暖化・再エネ時代の新しい価値とシステムの創造をめざす
指針2－1　再エネで人口の「共生対流」を促すパラダイムシフトと百業的生存戦略を展開する
①地域の生業とその基盤形成

再生可能エネルギー利用を軸にした人口還流が新たなパラダイムであり、人口、国土、経済産業、農業、首都機能分散などの総合的政策的検討が至急必要であることは、すでに3－3（4）で詳しく述べた。問題は、それを地域にも、移住者にもインセンティブのある形で、しかも高炭素金縛り状態から脱却する「近代の作り直し」のプロセスとなるよう、どのように実現していくかである。もちろん、（4）での検討は、再エネのみに注目したものであったので、移住者がどのようにして、必要な現金収入を得るのかの検討が必要である。

本領域の中では、中山間地域問題にかかわった藤山プロジェクト、大日方プロジェクト、島谷プロジェクト、田内プロジェクトのすべてが、それぞれ異なる方法でこの問題に取り組んでいる。田内プロジェクトからは、一業専業で大量生産して稼ぐのではなく、多種類の可能性をそれぞれ生かして「百業」で稼ぐという考え方が提出され研究された。藤山プロジェクトでは、近隣都市部との軽トラ市など、比較的小さい地域での循環経済を想定した生業が議論され実験されている。大日方プロジェクトでは、薪ステーションの設置によるバイオマスビジネスが実験された。また島谷プロジェクトでは、地域の再生可能エネルギーの売り上げを地域農産物等の

ブランド化等に生かす地域の社会的企業（「自然エネルギー社中」）の概念が構築されている。しかし、これらはまだ、コンセプトの段階から少し踏み出してはいるものの、プロジェクト期間の間にはいずれも十分な実証には至らなかったと言える。

　むしろ、これらプロジェクトの経験において重要なことは、地域の内発的な力をどう引き出し、地元からいろいろなビジネスのアイデアが出、チャレンジが始まるようになるかであったと考える。藤山プロジェクトについてはすでにまち・むらまるごとネットワークの項で詳しく紹介した。大日方プロジェクトにおいては、ガバナンスの退化への危機意識が地元で共有されたことがこれからのスタート地点である。また、島谷プロジェクトでは、地元の心配事を聞く中から、若いお母さんたちの集まる場所の問題や産院が町になくなったことなどの問題をともに考え、具体的な課題を一つずつ解決していく作業を共にし、その延長で「自然エネルギー社中」といった構想を提示していった。

　ただし、吉本氏も常に議論しておられることであるが、単なる小規模循環だけで地域が生存できることはあり得ない。すでに、縄文時代から、広域の流通は存在していた。弥生時代においてはなおさらであり、現代においてはさらにグローバルな流通抜きに未来を構想することは危険である。「脱工業化社会」は「情報化社会」へ行くのだと言われるが、「脱工業社会」でもなければ、単なる「情報社会」でもない。工業は厳然として存在するが、価値の生産の基盤としての性格が強まり、相対的に縮小するだけである。工業製品を作り、それに頼らざるを得ない人間生活がどこかに存在するし、人々の流動性、教育のための出費などを考えざるを得ない以上、中山間地域においても、現金収入の確保は必至である。そのためには、かりに百業であっても、強い数業をもつことが重要となる。そしてその強さは、それなりの量的・質的集中度と競争力のある商品でなければならないだろう。地域の内発力によって、地域の中で楽しむことを通じながら、外にも通用するものを大きな経済的無理をせずに実現していく、地域からの地域の自信に裏付けられた資本形成が重要ではないだろうか。弥栄町の事例に基づく新規参入者の低投資型参入事例については相川（2012）が詳細な検討を行っている。当然新規参入者の受け入れ方にともなう問題は、次の仕組みづくりの課題としても十分検討されていく必要がある。

② I/U ターンに関する集落の仕組みづくり

　人口還流に向けて本領域が試みたリサーチ・クエスチョンは、「地域と新規参入者との双方の利害を守りつつ、地域の文化や生活の伝統が維持される形で、I/U ターンを促進していくには、住民の中である程度の了解事項が必要であり、また各種のプロセスの開発が必要ではないのか」といったものであった。たとえば、ある紀伊半島の村では、住民の40％近くが外部からのIターン者であり、土着の人との間の文化的亀裂が大きな問題となっていた（現在は、2011年の12号台風の被害を共有する中で、新たな地元民としての立場を共有し、新しい連帯が生まれていると聞く）。単純な類推は危険であるが、近代化の中でたくさんの人々を送りだした中山間地域に、再び人々が戻るとはいっても、都市の生活に慣れ、都市のルールが身についている人々と、中山間地域に残り、昔からのルールを守ってきた人々とが、お互いの違いを認めつつ、互いを尊敬し、その土地を大切にしていくための約束ごとが要るのではないかという設問であった。

　藤山プロジェクトと領域の間で議論が続けられたこの問題に対し、藤山プロジェクトが出した回答は、長期の人口シミュレーションから、一集落一年一組方式で、現状の人口 1600 人から 2050 年には 5000 人台にすることが可能だという試算結果に基づき、集落ごとに丁寧な対応をしていけばよいというものであった。なお小坂集落では、そのための集落の憲章として、「一文字憲章」が募集され、最終的に「和」に決定されている。確かに、考えられる問題を文字にして契約するという方式はわが国の中山間地域の文化にはやや合わないものかもしれない。参考までに、同プロジェクトとの議論の中で作られた I/U ターン推進のための工程図を図３－１９に示す。

　今後、大量の I/U ターンが始まる時代には、多様な都会人の中から、中山間地域を尊重しない人々も紛れ込むはずである。また、中山間地域の人々も、新規就農者に対するこれまでの対応には不十分なものもあったはずであり、性善説だけではない、リアリティのある仕組みづくりは、なお課題として残っているのではないかと考えられる。

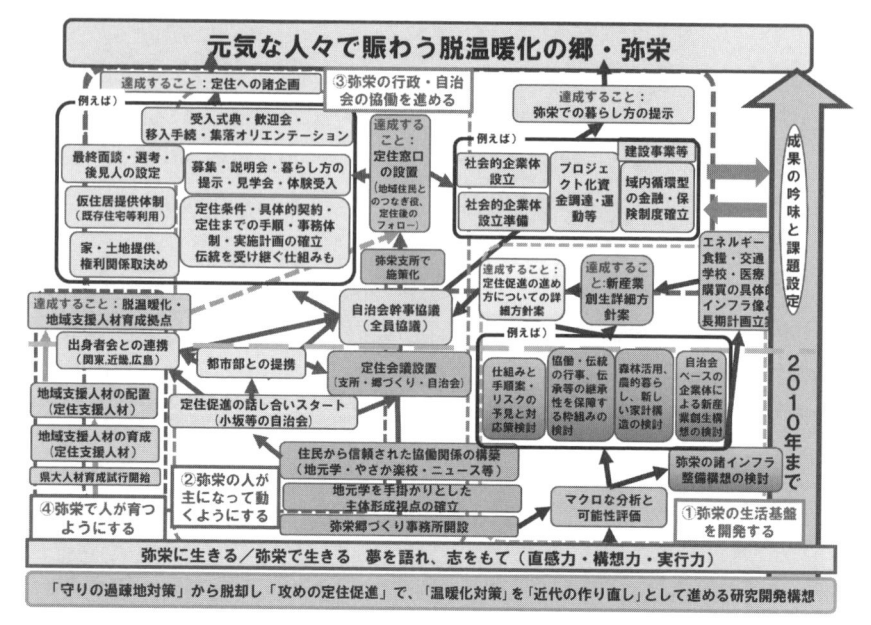

図3－19　元気な人々でにぎわう脱温暖化の郷・弥栄への工程図（案）

「指針2－2　バリューチェーンの脱温暖化イノベーションをすすめるために、消費者・流通・生産者の関係の「もやい直し」をすすめる」について

　すでに3－3の（6）で議論したように、暮らしと消費のすべてを低炭素型に変革していくためには、経済の連関の中で、生産・流通・消費それぞれの要素に甚大な破たんを発生させない形で、安定的かつ速やかに低炭素側に移行し、結果として、漸進的ではない変革を実現することである。

　一つ目のアプローチは、意欲のある大規模流通の関係者が、意欲のある消費者とともに、「共－進化」を進めていく構図である。

　二つ目のアプローチは、意欲のある小規模な業者が多数結束し、新たな組合等を立ち上げ、ニッチ路線からそれなりに量的効果のある市場形成に向かう構図である。

　いずれの場合も、お互いに警戒し合う関係が存在するので、安心できる第三者のリーダーシップがキー・ファクターとなる可能性がある。

　本領域では、前者に相当するシナリオで、日用品を扱うスーパーで、「リサーチャー

ズクラブ」という名の消費者の研究グループを領域プロジェクトが主催する形でスーパー側に置き、低炭素なお買い物の可能性を現場で考え、相互の検討を経て、店頭実験を実施し消費者の反応を見ていくことを行った。

また、田中プロジェクトの目標は、木質系住宅という超寿命の耐久消費財をさらに100—200年という超寿命商品とすることで、その資産価値を高めるという構想の下、設計士、工務店、製材業、林業が連携して（一気通貫で）、流通コストを下げ、さらに消費者とともに安心できる住宅のニッチ市場を拡大していくというものであった。しかし、田中プロジェクトについては、すでに「**指針1－2について**」の■天然素材住宅のところで議論したので、ここでは省略することにする。

永田プロジェクトが名古屋市千種区のユニー㈱千代田橋店で組織したリサーチャーズクラブの設置から活動に至る実施フローを図3－20に示す。

図3－20　リサーチャーズクラブの発足から活動まで

リサーチャーズクラブで扱ったテーマは多岐にわたるが、食物については、CO_2間接排出量が低いと考えられる愛知県産の旬産野菜がどうしたら消費者に受け入れられるかを議論し、共感性を得られるような売り場の設計の工夫などを行っている。また、精肉販売におけるトレイレス化をリーフパックという包装容器で行う同様な手法で実験している（図３－２１）。

図３－２１　リサーチャーズクラブで扱った旬野菜とリーフパック

　リサーチャーズクラブの概念が始まる前の段階では、プロジェクト関係の研究員の現場との関係もまだ確立しておらず、摩擦もあったようである。しかし、リサーチャーズクラブの設置・運営が始まってからは、店長をはじめ売り場関係者も、きわめて協力的になり、自分ごととして参加されるようになったという。最後の「振り返り」での発言の様子を図３－２２に示す。
　結局、リサーチャーズクラブとは、流通の場を借りながら、流通業はもちろん、消費者・生産者、そして研究者がともに考え、学ぶ、共－進化のプラットフォームである。それぞれの関与者によって位置づけは変わるとはいえ、流通システム全体を見渡す立場からは、低炭素システムへの移行に伴うリスク回避の重要な方法を提供した。
　その後、協働して取り組んできた流通販売者からの継続の申し出や、日本小売業

協会や日本百貨店協会からも高い関心と共に取り組み内容の講演依頼、東北の複数自治体からリサーチャーズクラブ設置の依頼があることからも、こういったプラットフォームの重要性は今後益々高まると考えられる。(リサーチャーズクラブの詳細は、永田プロジェクトの公開報告書および本シリーズ 10 として刊行される永田編著「お買い物で社会を変えよう！」(2014)をご参照頂きたい。)

地方に比べ、地域自治会や町内会などの活動や地域コミュニティが希薄になる大都市では、多くの人が日常的に集まるスーパーマーケットや、中心駅に位置する百貨店といった場が情報収集、コミュニティとして機能しやすい、という状況もある。その意味で、まちまるごと低炭素化ネットワークといった視点からも、大規模流通業と提携したリサーチャーズクラブは、都市型の脱温暖化戦略の実施にも重要な意味をもつと言える。

図3-22　リサーチャーズクラブへの流通業からのコメント

引用文献

相川陽一、中山間地域での新規就農における市町村施策の意義と課題、近畿中国四国農研農業経営研究、23号、pp.28 – 46、2012年12月

相川陽一（井口隆史・桝潟俊子 編）『＜有機農業選書5＞地域自給のネットワーク―』「第2章 地域資源を活かした山村農業」、コモンズ、2013年8月

岡田真美子 編『三ケ所用水 井出番之記』（甲斐楠雄 著）、大西商店印刷部、2012年10月

小田切徳美・藤山浩 編著、『シリーズ地域の再生第15巻 中山間地再生のフロンティア』、一般社団法人農山漁村文化協会、2013年11月

環境省「平成22年度 再生可能エネルギー導入ポテンシャル調査報告書 第5章」、2012年3月（http://www.env.go.jp/earth/report/h23-03/chpt5.pdf）

黒田昌裕、大歳恒彦『脱温暖化 地域からの挑戦 山形・庄内の試み』、慶応義塾大学出版会、2012年4月

桑子敏雄『生命と風景の哲学―空間の履歴から読み解く』、岩波書店、2013年12月）

島谷幸宏・山下輝和・藤本穣彦、『シリーズ地域の再生 第13巻 コミュニティ・エネルギー』、「中山間地域における小水力発電による地域再生の可能性」、農産漁村文化協会、2013

島谷幸宏、小野和憲、萱場裕一、自然を生かした川づくりによる CO_2 排出量の削減、土木技術資料、40-6, pp.56-61, 1998

島谷幸宏、桑子敏雄（共著）『風景の思想』「第9章 河川風景の思想 自然と人為が織り成す風景、第12章 豊かな風景づくりへの哲学」、学芸出版社、2012年6月

重藤さわ子、堀尾正靭『東日本大震災からの復興に「地域に根ざした」社会技術の視点を』「研究・技術計画学会」第26回次学術大会講演要旨集、山口大学常盤キャンパス、2011年10月16日（http://www.ristex.jp/env/03wisdom/pdf/info25.pdf）

資源エネルギー庁（公開資料）「最近の再生可能エネルギー市場の動向について」2014年1月（http://www.meti.go.jp/committee/chotatsu_kakaku/pdf/012_02_00.pdf）

ストリンガー、C., R. マッキー著、河合信和訳『出アフリカ記 人類の起源』岩波書店、2001

住 明正、木本昌秀、江守正多、野沢 徹、「地球シミュレータによる最新の地球温暖化予測計算が完了―温暖化により日本の猛暑と豪雨は増加―」、2005（http://www.env.go.jp/earth/earthsimulator/（最終閲覧日：2014年1月12日））

JST社会技術研究開発センター「社会技術研究開発の今後の推進に関する方針～社会との協働が生む、社会のための知の実践～」平成25年11月20日（http://www.ristex.jp/aboutus/pdf/20131118_02.pdf）

総務省『バイオマスの利活用に関する政策評価書』2011年2月

高田知紀『自然再生と社会的合意形成』、東信堂、??2014年2月

堤 敦司、エネルギー科学・技術のパラダイムシフト：カスケード利用からエクセルギ―再生へ、化学工学、77（3）, 179-184, 2013

東京都、「東京都再生可能エネルギー戦略 ～エネルギーで選びとる持続可能な未来」、2006（http://www.kankyo.metro.tokyo.jp/climate/attachement/1_gaiyou.pdf（最終閲覧日：

2014 年 1 月 12 日))
中嶋健造 編著『バイオマス材収入から始める副業的自伐林業』、全国林業改良普及協会、2012 年 1 月
永田潤子編著『お買い物で社会を変えよう！』公人の友社、2014
長野県、「地域密着型の小水力発電事業導入の手引き」（「平成 23 年度自然エネルギー自給コミュニティモデル構築事業」による）、2012 年 6 月（http://www.pref.nagano.lg.jp/ontai/kurashi/ondanka/shizen/susumekata.html　（最終閲覧日：2014 年 3 月 8 日))
日本経済新聞 2013 年 5 月 8 日号「再生エネ　収益は地域のために　長野で始まった挑戦」(http://www.nikkei.com/article/DGXNASFK3000U_Q3A430C1000000/ 最終閲覧日：2014 年 1 月 12 日)
日経 Biz アカデミー第 1 回「社会的価値によるコモディティ化への挑戦」(http://bizacademy.nikkei.co.jp/special/gmk2012/lesson1.html（最終閲覧日：2014 年 3 月 11 日))
肱岡靖明、高橋潔、地球温暖化抑制のための温室効果ガス安定化濃度・排出経路・影響閾値の統合評価、地球環境、11, 129-138, 2006
フィリップ・コトラー、ヘルマン・カルタジャヤ、イワン・セティアワン、藤井 清美 訳、恩藏 直人 監訳『コトラーのマーケティング 3.0』朝日新聞出版、2010
ベック、U.、S. ラッシュ、A. ギデンズ、『再帰的近代化―近現代における政治、伝統、美的原理』、(松尾精文、叶堂隆三、小幡正敏訳) 而立書房, 1997
堀尾正靱、再生可能エネルギーとバイオマス、現代化学、438、9、pp.26-30, 2007
堀尾正靱、「被災地からの自然エネルギー社会づくりと風力発電の課題」、環境経済・政策研究, 4 巻 2 号, 90-94, 2011
堀尾正靱、現代技術社会においてなぜ「適正技術」思考が必要か、人間科学研究（早稲田大学）, 26(2), pp.163-179, 2013
堀尾正靱、重藤さわ子、井伊亮太、松田健士、寺田林太郎、日高正人「地域需要創出・人口還流型の再生可能エネルギー導入構想立案への LCA 手法の活用－北海道の未来を対象とした予備的検討」第 9 回日本 LCA 学会研究発表会、2014 年 3 月 4 日－ 6 日、芝浦工業大学
堀尾正靱、11 章「地域自然エネルギー政策の現状と課題」、石田徹、白石克孝編著、LORC 叢書第 1 巻 『持続可能な地域社会の実現と大学の役割』日本評論社、2014
宗村正弘、宝田恭之、根津紀久雄、松村修二、天谷賢児、川端康夫、上坂博亨、川村健一、堀尾正靱、地域活性化のための低速電動 8 輪コミュニティバスの開発と運行試験、自動車技術 67(2), pp. 55-60 , 2013
メドウズ、ドネラ H.、 大来佐武郎訳、『成長の限界―ローマ・クラブ「人類の危機」』、ダイヤモンド社、1972
三澤勝衛『第 4 巻　暮らしと景観／三澤「風土学」私はこう読む』農山漁村文化協会、2009
Bunt, L. and Harris, M., Mass Localism: A way to help small communities solve big social challenges, Discussion Paper, NESTA, 2010
Foxon, T.J., A coevolutionary framework for analysing a transition to a sustainable low carbon economy, Ecological Economics 2011, 70:2258-2267
Foxon, T.J., Transition pathways for a UK low carbon electricity future, Energy Policy 2013,

52:10-24

Horio, M,. Shigeto, S., Shimatani, Y., Ryota, Ii., Hidaka, M., Potential of Mass Rural Remigration, the Renewable Energy Exodus, for Massive GHG Reduction --A case study for Japan--, The 6th International Conference on Applied Energy ? ICAE2014 (accepted)

Hughes, N., Strachan, N., Methodological review of UK and international low carbon scenarios, Energy Policy 2010, 38: 6056-6065

RCEP, The U.K. Government Response to the Royal Commission on Environmental Pollution's Twenty-Second Report, 2003
http://webarchive.nationalarchives.gov.uk/20110322143804/http://www.rcep.org.uk/reports/22-energy/2003-22response-UK.pdf (browsed on Jan. 12, 2014)

Shigeto, S., Yamagata, Y., Ii, R., Hidaka, M., Horio, M., An easily Traceable Scenario for 80% CO_2 Emission Reduction in Japan through the Final Consumption-based CO_2 Emission Approach: A case study of Kyoto-city, Applied Energy, 90, 201-205, 2012

Shigeto, S., Yamagata, Y., Horio, M., Socio-Technological Co-evolution Approach; An Endeavor of JST-RISTEX's Environment-Energy R&D Program., The 6th International Conference on Applied Energy ? ICAE2014 (accepted)

Smith, A., Stirling, A., Berkhout, F., The governance of sustainable socio-technical transitions, Research Policy 34 pp.1491-1510, 2005

Unruh, G.C., Understanding Carbon Lock-in, Energy Policy, 28, 817-830, 2000

Unruh, G.C., Escaping Carbon Lock-in, Energy Policy, 30, 317-325, 2002

付録1　参考図表　133

付録1　参考図表

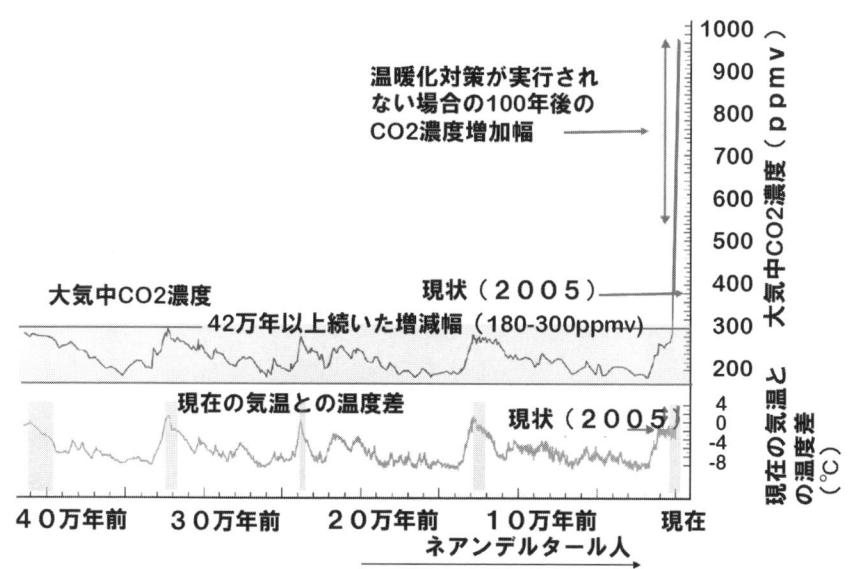

図A1　40万年間の大気中 CO_2 濃度と気温の変化（ヴォストーク・アイスコア・サンプルから決定されたもの）（図は、西岡秀三先生ご使用のスライドより）

（原文献：Petit, J.R., J. Jouzel , D. Raynaud , N. I. Barkov , J.-M. Barnola , I. Basile , M. Bender , J. Chappellaz , M. Davis , G. Delaygue , M. Delmotte , V. M. Kotlyakov , M. Legrand , V. Y. Lipenkov , C. Lorius , L. P?pin , C. Ritz , E. Saltzman & M. Stievenard, Climate and atmospheric history of the past 420,000 years from the Vostok ice core, Antarctica, Nature 399, 429-436 (3 June 1999))

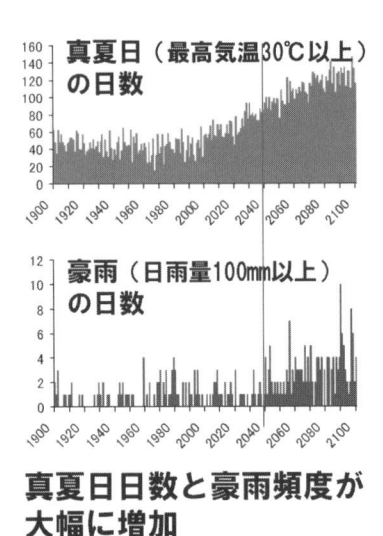

(地球シミュレータによる計算結果；国立環境研究所公開シンポジウム2005；住ら（2005）

図A2　このままの温暖化が続くとき日本域の夏は暑く悪天候は急増する

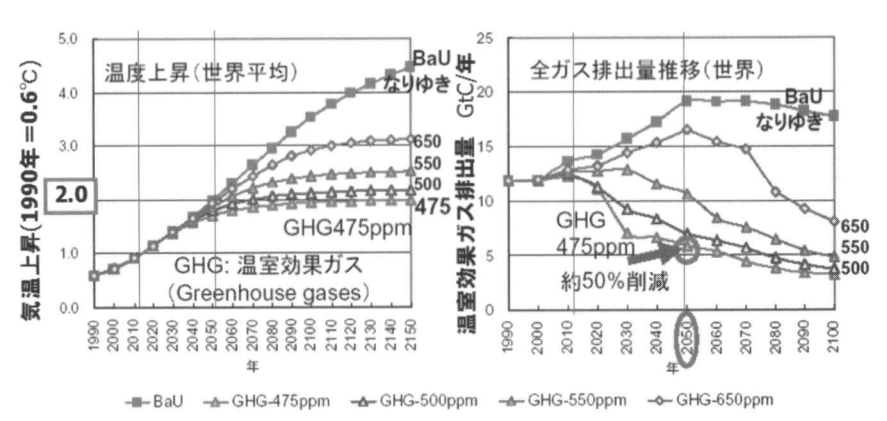

図A3　2050年までの気温上昇を2℃以内に抑えるためには温室効果ガス発生量を1990年の1/22しなければならないという試算結果（肱岡ら（2006）の計算結果：

表A1　先進国が７０－９０％削減をしなければならない理由

地域	一次エネルギー消費（石油換算百万トン） 実績 1990年	一次エネルギー消費 実績 2000年	CO₂排出（炭素換算百万トン）日本と同じ消費構造のときの2000年	CO₂排出 実績 1990年	CO₂排出 実績 2000年	世界のCO₂排出を90年の1/2にし消費・排出水準を2000年の日本並にしたとき 日本型消費・排出構造のときの2000年	一次エネルギー消費 MtOe	CO₂排出 Mt(C)	2000年比CO₂削減量 %
日本	437	524	524	290	325	325	97	60	82
アメリカ	1928	2304	1166	1339	1577	723	215	134	92
カナダ	209	251	127	117	143	79	23	15	90
イギリス	212	231	242	161	155	150	45	28	82
ドイツ	356	343	339	266	231	210	63	39	83
フランス	227	257	243	103	102	151	45	28	73
イタリア	153	172	238	111	120	148	44	27	77
スェーデン	55	55	40	15	15	23	7	4	72
ポーランド	100	91	171	89	78	98	32	18	76
韓国	97	199	210	65	119	120	39	23	81
オーストラリア	94	122	85	71	95	49	16	9	90
OECD計	4517	5316	4661	3073	3463	2891	861	534	85
中国	670	928	5179	666	881	3212	957	594	33
インド	199	339	4448	155	268	2546	835	478	-78
インドネシア	56	102	951	41	73	544	179	102	-40
ブラジル	145	216	778	59	92	445	146	84	10
ロシア（旧ソ連）	1537	1028	1278	1024	632	732	240	137	78
ケニヤ	3	4	135	2	2	77	25	15	-522
アフリカ計	239	303	3544	194	238	2028	665	381	-60
世界計	7797	9042	24896	5707	6407	15441	4601	2853	55

＊1990，2000年データ：「エネルギー・経済統計要覧2004」（IEA統計データに基づき集計）

付録2　地域自然エネルギー条例の例

湖南市地域自然エネルギー基本条例
（平成24年（2012年）9月21日施行）

前文
　東日本大震災とこれに伴う世界に類をみない大きな原子力発電所事故は、わが国のまちづくりやエネルギー政策に大きな転換を余儀なくしました。これからのエネルギー政策について新たな方向性の確立と取り組みが求められています。
　湖南市では、全国に先駆けて市民共同発電所が稼動するなど、市民が地域に存在する自然エネルギーを共同で利用する先進的な取り組みが展開されてきました。
　自分の周りに存在する自然エネルギーに気づき、地域が主体となった自然エネルギーを活用した取り組みを継続的に進めていくことが大切です。
　わたしたちは、先達が守り育ててきた環境や自然エネルギー資源を活かし、その活用に関する基本理念を明らかにするため、ここに湖南市地域自然エネルギー基本条例を制定します。

（目的）
第1条　この条例は、地域における自然エネルギーの活用について、市、事業者及び市民の役割を明らかにするとともに、地域固有の資源であるとの認識のもと、地域経済の活性化につながる取り組みを推進し、もって地域が主体となった地域社会の持続的な発展に寄与することを目的とする。

（定義）
第2条　この条例において「自然エネルギー」とは、次に掲げるものをいう。
　(1)　太陽光を利用して得られる電気
　(2)　太陽熱
　(3)　太陽熱を利用して得られる電気
　(4)　風力を利用して得られる電気
　(5)　水力発電設備を利用して得られる電気（出力が1,000キロワット以下であるものに限る。）
　(6)　バイオマス（新エネルギー利用等の促進に関する特別措置法施行令（平成9年政令第208号）第1条第2号に規定するバイオマスをいう。）を利用して得られる燃料、熱又は電気

（基本理念）
第3条　地域に存在する自然エネルギーの活用に関する基本理念は次のとおりとする。
　(1)　市、事業者及び市民は、相互に協力して、自然エネルギーの積極的な活用に努めるものとする。
　(2)　地域に存在する自然エネルギーは、地域固有の資源であり、経済性に配慮しつつその活用を図るものとする。
　(3)　地域に存在する自然エネルギーは、地域に根ざした主体が、地域の発展に資するように活用するものとする。

(4)　地域に存在する自然エネルギーの活用にあたっては、地域ごとの自然条件に合わせた持続性のある活用法に努め、地域内での公平性及び他者への影響に十分配慮するものとする。
(市の役割)
第4条　市は、地域社会が持続的に発展するように、前条の理念に沿って積極的に人材を育成し、事業者や市民への支援等の必要な措置を講ずるものとする。
(事業者の役割)
第5条　事業者は、自然エネルギーの活用に関し、第3条の理念に沿って効率的なエネルギー需給に努めるものとする。
(市民の役割)
第6条　市民は、自然エネルギーについての知識の習得と実践に努めるものとする。
2　市民は、その日常生活において、自然エネルギーの活用に努めるものとする。
(連携の推進等)
第7条　市は、自然エネルギーの活用に関しては、国、地方公共団体、大学、研究機関、市民、事業者及び民間非営利活動法人その他の関係機関と連携を図るとともに、相互の協力が増進されるよう努めるものとする。
(学習の推進及び普及啓発)
第8条　市は、自然エネルギーの活用について、市民及び事業者の理解を深めるため、自然エネルギーに関する学習の推進及び普及啓発について必要な措置を講ずるものとする。
(その他)
第9条　この条例の施行に関し、必要な事項は別に定める。
　付　則
この条例は、公布の日から施行する。

新城市省エネルギー及び再生可能エネルギー推進条例
平成24年12月20日
条例第55号

前文

　東日本大震災とこれを起因とする福島第一原子力発電所における事故により、エネルギーの在り方について日本社会全体に大きな枠組みの転換が求められることになりました。

　エネルギーは、私たちの生活や経済活動のために必要不可欠なものです。世界的な人口増加や発展途上国の経済発展等を考えると、現代文明の枠組みのままでは、今後、更に大量のエネルギー資源が必要になることは間違いありません。しかしながら、現在の主要エネルギーである化石燃料には限りがあり、それを大量に使用することは気候変動を進ませることになります。一方、原子力発電についていえば、それがはらむ巨大なリスクが明るみに出た今日、これまでの政策を続けることは不可能に近いと言わざるを得ません。

　そこで、まず私たちは、市民一人ひとりが省エネルギーに努め、その使わないエネルギーを積み上げていく市民節電所プロジェクトに取り組んできました。こうした省エネルギーのまちづくりの推進と併せ、太陽光、水力、バイオマス等の地域資源を利用した再生可能エネルギーを早期にかつ飛躍的に普及し、持続可能で豊かな社会への転換を目指すため、ここに新城市省エネルギー及び再生可能エネルギー推進条例を制定します。

（目的）

第1条　この条例は、省エネルギーのまちづくりの推進及び地域固有の資源である再生可能エネルギーの活用に関し、市、市民、事業者及び再生可能エネルギー事業者の役割を明らかにするとともに、再生可能エネルギー導入による地域経済の活性化につながる取組を推進し、地域が主体となった地域社会の持続的な発展に寄与することを目的とします。

（定義）

第2条　この条例において、次の各号に掲げる用語の意義は、それぞれ当該各号に定めるところによります。
　(1)　市民　市内に在住、在勤又は在学する者をいいます。
　(2)　事業者　市内で事業を営む者をいいます。
　(3)　再生可能エネルギー事業者　市内で再生可能エネルギーの活用事業を営む者又はこれから営もうとする者をいいます。
　(4)　省エネルギー　エネルギーの使用の節約及び効率化を図ることをいいます。
　(5)　再生可能エネルギー　太陽光、水力、バイオマス等エネルギー供給事業者による非化石エネルギー源の利用及び化石エネルギー原料の有効な利用の促進に関する法律施行令（平成21年政令第222号）第4条に定めるものをいいます。

（基本理念）

第3条　地域に存在する再生可能エネルギーの活用に関する基本理念は、次のとおりとします。
　(1)　市、市民、事業者及び再生可能エネルギー事業者は、相互に協力して、再生可能エネルギーの積極的な活用に努めるものとします。
　(2)　地域に存在する再生可能エネルギーは、地域固有の資源であり、経済性に配慮しつつ

活用されるものとします。
(3) 地域に存在する再生可能エネルギーは、地域に根ざした主体が、地域の発展に資するように活用されるものとします。
(4) 地域に存在する再生可能エネルギーの活用に当たっては、地域ごとの自然条件に合わせた持続性のある活用法に努め、地域内での公平性及び他者への影響に十分配慮するものとします。

(市の役割)
第4条 市は、地域社会が持続的に発展するように、前条の基本理念に沿って積極的に人材を育成するとともに、省エネルギーのまちづくりの推進及び再生可能エネルギーの活用に向けた支援等の必要な措置を講ずるものとします。
2 市は、省エネルギーのまちづくりの推進及び再生可能エネルギーの活用について、市民及び事業者の理解を深めるため、省エネルギー及び再生可能エネルギーに関する学習の推進及び普及啓発について必要な措置を講ずるものとします。
3 市は、公共施設等における省エネルギーの推進及び再生可能エネルギーの積極的な活用に努めるものとします。

(市民の役割)
第5条 市民は、省エネルギーの推進及び再生可能エネルギーの活用についての知識の習得と実践に努めるものとします。

(事業者の役割)
第6条 事業者は、その事業活動を行うに当たり、省エネルギーの推進及び再生可能エネルギーの活用に努めるとともに、市が実施する施策に協力するものとします。

(再生可能エネルギー事業者の役割)
第7条 再生可能エネルギー事業者は、再生可能エネルギーの活用に関し、第3条の基本理念に沿って効率的なエネルギー供給に努めるものとします。
2 再生可能エネルギー事業者は、地域の土地が有する資源及び環境の役割が将来にわたり果たされることに配慮しつつ、その活用に努めるものとします。
3 再生可能エネルギー事業者は、施設における発電状況等のデータについて、ホームページ等で公表に努めるものとします。

(再生可能エネルギー導入状況等の公表)
第8条 市は、省エネルギーのまちづくりの推進及び再生可能エネルギー活用施設の普及に向けて、数値目標を明示した計画を策定するものとします。
2 市は、計画の進捗状況について、毎年市民に公表するものとします。

(連携の推進等)
第9条 市は、省エネルギーのまちづくりの推進及び再生可能エネルギーの活用に関し、市民、事業者、再生可能エネルギー事業者、大学、研究機関等と連携を図るとともに、相互の協力が増進されるよう努めるものとします。

(委任)
第10条 この条例の施行について必要な事項は、別に定めます。
  附　則
この条例は、公布の日から施行します。

飯田市再生可能エネルギーの導入による持続可能な地域づくりに関する条例
平成25年3月25日
条例第16号

(目的)
第1条　この条例は、飯田市自治基本条例(平成18年飯田市条例第40号)の理念の下に様々な者が協働して、飯田市民が主体となって飯田市の区域に存する自然資源を環境共生的な方法により再生可能エネルギーとして利用し、持続可能な地域づくりを進めることを飯田市民の権利とすること及びこの権利を保障するために必要となる市の政策を定めることにより、飯田市におけるエネルギーの自立性及び持続可能性の向上並びに地域でのエネルギー利用に伴って排出される温室効果ガスの削減を促進し、もって、持続可能な地域づくりに資することを目的とする。

(用語の意義)
第2条　この条例において用いる用語の意義は、次に定めるところによる。
　(1)　協働　飯田市自治基本条例第3条第8号に規定するものをいう。
　(2)　飯田市民　飯田市の区域に住所を有する個人をいう。
　(3)　再生可能エネルギー　次のアからカまでに掲げるものをいう。
　　ア　太陽光を利用して得られる電気
　　イ　太陽光を利用して得られる熱
　　ウ　風力を利用して得られる電気
　　エ　河川の流水を利用して得られる電気
　　オ　バイオマス(新エネルギー利用等の促進に関する特別措置法施行令(平成9年政令第208号)第1条第1号に規定するバイオマスをいう。)を利用して得られる燃料、熱又は電気
　　カ　前アからオまでに掲げるもののほか、市長が特に認めたもの
　(4)　再生可能エネルギー資源　再生可能エネルギーを得るために用いる自然資源であって、飯田市の区域に存するものをいう。

(地域環境権)
第3条　飯田市民は、自然環境及び地域住民の暮らしと調和する方法により、再生可能エネルギー資源を再生可能エネルギーとして利用し、当該利用による調和的な生活環境の下に生存する権利(以下「地域環境権」という。)を有する。

(地域環境権の行使)
第4条　地域環境権は、次に掲げる条件を備えることにより行使することができる。
　(1)　自然環境及び他の飯田市民が有する地域環境権と調和し、これらを次世代へと受け継ぐことが可能な方法により行使されること。
　(2)　公共の利益の増進に資するように行使されること。
　(3)　再生可能エネルギー資源が存する地域における次のア又はイのいずれかの団体(以下「地域団体」という。)による意思決定を通じて行使されること。
　　ア　地縁による団体(地方自治法(昭和22年法律第67号)第260条の2第1項に規定するものをいう。)

イ　前アのほか、再生可能エネルギー資源が存する地域に居住する飯田市民が構成する団体で、次に掲げる要件を満たすもの
　　（ア）団体を代表する機関を備えること。
　　（イ）団体の議事を多数決等の民主的手法により決すること。
　　（ウ）構成員の変更にかかわらず団体が存続すること。
　　（エ）規約その他団体の組織及び活動を定める根本規則を有すること。
（市長の責務）
第5条　市長は、飯田市民の地域環境権を保障するために、次に掲げることを実施する責務を有する。
　(1)　飯田市民が地域環境権を行使するために必要な基本計画を策定すること。
　(2)　前号に規定する基本計画に基づき、再生可能エネルギーを活用した持続可能な地域づくりにおいて主導的な役割を担い、飯田市民の地域環境権の行使を協働により支援すること。
（市民の役割）
第6条　飯田市民は、地域環境権を行使するに当たっては、他の飯田市民の地域環境権を尊重し、次に掲げる事項について、主体的に努めるものとする。
　(1)　エネルギーを利用するに当たっては、再生可能エネルギー資源から生み出された再生可能エネルギーを優先して利用すること。
　(2)　この条例の規定に基づいて行われる市の施策に協力すること。
（事業者の役割）
第7条　飯田市の区域で活動する事業者は、飯田市民の地域環境権を尊重し、次に掲げる事項に努めるものとする。
　(1)　発電に関する事業を行う場合は、再生可能エネルギー資源を用いた再生可能エネルギーを活用する事業（以下「再生可能エネルギー活用事業」という。）として行うこと。
　(2)　エネルギーを利用するに当たっては、再生可能エネルギー資源から生み出された再生可能エネルギーを優先して利用すること。
　(3)　この条例の規定に基づいて行われる市の施策及び他者が行う再生可能エネルギー活用事業に協力すること。
（支援する事業）
第8条　市長は、第5条第2号の規定により、次に掲げる事業の実施を支援する。
　(1)　第4条第3号に規定する地域団体の意思決定（以下次号において「団体の決定」という。）を経て、当該決定に従って地域団体が自ら行う再生可能エネルギー活用事業
　(2)　団体の決定を経て、当該決定に従って地域団体及び公共的団体等が協力して行う再生可能エネルギー活用事業
（支援のための申出等）
第9条　前条に規定する支援を受けようとする場合は、次の各号に掲げる事業の種類に応じ、それぞれ当該各号に定める者が市長に申し出なければならない。この場合において当該申出を行う者（以下「申出者」という。）は、実施しようとする再生可能エネルギー活用事業の内容を明らかにした書面によりこれを行わなければならない。

(1) 前条第1号に規定する事業　地域団体
(2) 前条第2号に規定する事業　地域団体及びこれに協力する公共的団体等
2　市長は、前項の申出者に対し、次に掲げる事項を基準として指導、助言等を行う。
(1) 再生可能エネルギー活用事業を行う者が備えるべき人的条件
(2) 地域住民への公益的な利益還元その他再生可能エネルギー活用事業が備えるべき公共性
(3) 実施しようとする再生可能エネルギー活用事業に充てられるべき自己資金の割合
(4) 再生可能エネルギー活用事業を運営するに当たり、申出者が担うべき役割及び責任の内容
(5) 前条第2号に規定する事業にあっては、協力する相手方である公共的団体等が備えるべき公共性
(6) 前各号に定めるもののほか、市長が必要と認めた事項

(市長による支援)
第10条　市長は、前条第2項に掲げる基準に照らして適当と認めた事業を、協働による公共サービス(公共サービス基本法(平成21年法律第40号)第2条第2号に規定するもの又はこれに準じるものをいう。)と決定し、当該決定した事業(以下「地域公共再生可能エネルギー活用事業」という。)を実施しようとするもの(以下「実施者」という。)に対し、必要に応じ、次に掲げる支援を行う。
(1) 継続性及び安定性のある実施計画の策定並びにその運営のために必要となる助言
(2) 金融機関及び投資家による投融資資金が地域公共再生可能エネルギー活用事業に安定的に投融資されることを促し、初期費用を調達しやすい環境を整えるための信用力の付与に資する事項
(3) 補助金の交付又は資金の貸付け
(4) 市有財産を用いて地域公共再生可能エネルギー活用事業を行おうとする場合においては、当該市有財産に係る利用権原の付与
2　市長は、実施者と飯田市との役割分担及び各自の責任の所在を、書面をもって定める。
3　市長は、地域公共再生可能エネルギー活用事業が現に行われている期間においては、実施者に対し、当該事業が継続性及び安定性をもって運営されるために必要な指導、助言等をすることができる。

(実施者の公募)
第11条　第9条第1項の規定にかかわらず、市長は、地域公共再生可能エネルギー活用事業の実施者を公募し、当該公募に応じたものについて前条の規定を適用することができる。この場合において、前条第1項中「前条第2項に掲げる基準に照らして」とあるのは、「必要と認めたときは、再生可能エネルギー活用事業を行う者を公募し、」と読み替えて適用する。

(飯田市再生可能エネルギー導入支援審査会)
第12条　第9条第2項及び第10条第3項に規定する指導、助言等並びに第10条第1項に規定する支援(以下次項において「支援等」と総称する。)を専門的見知に基づいて行うため、飯田市に、飯田市再生可能エネルギー導入支援審査会(以下「審査会」という。)を置く。

2　審査会は、市長が支援等を適切に行うために必要な事項について、市長の諮問に応じて専門的知見に基づく審査等を行い、市長に答申する。
3　市長は、前項の規定による審査会の答申があった場合は、その内容を尊重して支援等を行わなければならない。
（審査会の組織）
第13条　審査会は、学識経験を有する者のうちから市長が任命する者（以下「委員」という。）15人以内で組織する。
2　委員の任期は2年とする。ただし、再任を妨げない。
3　委員が事故その他の理由によりその任務を遂行できなくなったときは、市長は、補欠委員を任命するものとする。この場合において、当該補欠委員の任期は、前任者の残任期間とする。
（会長）
第14条　審査会に会長を置き、委員の互選をもってこれを定める。
2　会長は、審査会を代表し、審査会を招集し、審査会の会議において議長となる。
（臨時委員）
第15条　会長は、第12条第2項に規定する審査会の事務を行うに当たって必要と認める場合は、市長に対し、前条に定めるもののほか、20人を超えない範囲において臨時に特定の事項について審査等を行うための委員を任命するよう申し出ることができる。この場合において、市長が適当と認めたときは、市長は、当該申出のあった数以下の委員を任命するものとする。
2　前項の規定により任命された委員の任期は、当該審査等を行うべき事項に応じ市長が定める。
（守秘義務）
第16条　委員は、職務上知り得た秘密を漏らしてはならない。その職を退いた後も同様とする。
（助言）
第17条　審査会は、必要と認めたときは、既に行われている地域公共再生可能エネルギー活用事業の実施状況を調査し、当該事業の実施者に対して必要な助言をすることができる。
（答申内容の公告）
第18条　市長は、審査会から第9条第2項第2号、同項第5号及び第10条第1項第1号に関する答申を受けた場合は、その内容を公告する。
（飯田市再生可能エネルギー推進基金）
第19条　第10条第1項第3号の規定による、地域公共再生可能エネルギー活用事業に対する貸付金の財源に充てるため、飯田市再生可能エネルギー推進基金（以下「基金」という。）を設置する。
2　基金の総額は4,000万円とする。
（基金への繰入れ）
第20条　市長は、使途を限定した寄附があった場合は、予算の定めるところにより基金に繰り入れる。

2 前項の規定により繰入れが行われたときは、前条第2項の規定にかかわらず、基金の総額は、当該繰入れ前の基金の総額に当該繰入れが行われた額を加えた額とする。
(資金の貸付け)
第21条 市長は、実施者に対し、基金を財源として、資金の貸付けを行う。
2 前項の規定により貸し付けられる資金(以下「貸付金」という。)は、地域公共再生可能エネルギー活用事業に係る建設工事を発注するための調査に直接必要な経費にのみ充てることができる。
3 貸付金の貸付けは、一の実施者につき1回とする。
4 貸付金の貸付額は、一の実施者につき1,000万円を限度とする。ただし、基金に属する現金の額が1,000万円を下回る場合にあっては、当該基金に属する現金の額を貸付額の限度とする。
(償還)
第22条 貸付金は無利子とし、貸付金の貸付けを受けた日が属する年度の翌々年度から、年賦で均等に償還するものとする。
2 前項の規定による償還の期間は、償還を開始した年度から起算して10年以内とする。
3 前2項の規定にかかわらず、考慮すべき事情があると市長が認めた場合は、償還方法を月賦又は半年賦とし、又は償還年限を短縮し、若しくは延長することができる。
(貸付けの決定の取消し)
第23条 貸付金の貸付けを受けた者が次の各号のいずれかに該当すると認めたときは、市長は、貸付金の貸付けの決定を取り消し、又は既に貸し付けた貸付金の返還を求める。ただし、やむを得ない事情があるものと認めた場合にあっては、この限りでない。
 (1) 実施者において地域公共再生可能エネルギー活用事業の実施が不可能となり、又は当該実施が困難である明白な事由が発生したとき。
 (2) 第21条第2項の規定に反したとき。
 (3) 実施者が解散し、又は不在となる見込みとなったとき。
2 前条の規定にかかわらず、前項の規定により貸付金の返還を求める場合にあっては、貸付金の貸付けを受けた者は、期限の利益を喪失する。
(委任)
第24条 この条例に定めるもののほか、この条例の施行に関し必要な事項は、市長が規則で定める。
 附 則
(施行期日)
1 この条例は、平成25年4月1日から施行する。
(飯田市特別職の職員で非常勤の者の報酬に関する条例の一部改正)
2 飯田市特別職の職員で非常勤の者の報酬に関する条例(昭和37年飯田市条例第10号)の一部を次のように改正する。
(以下略)

1 公害、ごみ問題、生物多様性、シックハウス、地球温暖化・気候変動、油価高騰、燃料

枯渇等
2　水俣病に苦しんだ水俣の人々が再出発するときに使ったことば。「もやい直し」とは、もともとは「ひもの結び直し」。地域の問題に正面から向き合い、対話と協働で新たな仕組みや関係性をつくること。

－あとがき－

　「地域に根ざした脱温暖化・環境共生社会」研究開発領域（以下「本領域」とする）はJST社会技術研究開発センター（RISTEX）があってはじめて実現可能な研究開発領域でした。このセンターは、社会の具体的問題解決を行うための研究開発、すなわち社会技術研究開発の在り方に関する試行錯誤と侃々諤々の議論を経て、平成19年より、目的達成型のファンディング組織として大きく舵を切っています。それ以来、センターは、各種の社会問題の解決に資する研究開発を効果的に進めるために、広く多分野・多方面の関与者の参画を確保する運営を実現し、自然科学と人文社会科学との連携研究を進めてこられました。本領域は、その新たな運営方針のもとで、「科学技術と人間」研究開発領域（研究開発プログラム「科学技術と社会の相互作用」）、「犯罪からの子どもの安全」研究開発領域に続く、3番目の研究開発領域として設置されたものです。

　この領域の設置プロセスでは、社会技術研究開発の目標達成方法に関して、先行した二領域での様々な試行錯誤の経験が生かされました。しかし一方で、「環境・エネルギー・地域」の設置は、極めて広い対象に初めて乗り出すという、同センターとして初めての試みへの、新しい船出の意味も持っていたのです。

　本領域が対象とするこの分野は、10数年にわたり、世界的にも、また国内的にも、重点的に取り組まれてきた経緯があり、莫大な研究や地域実践事例が蓄積されていました。とはいえ、分野・省庁縦割りの状況のなかで、横断的・統合的取り組みはなかなか進でいませんでした。そのため、多くの研究者や環境活動家においても、研究テーマや活動のコンテンツはもちろん、プロジェクトのマネジメント方法についても、旧来スタイルの延長が許される微温的な状況が存在していました。本領域では、「社会の問題の解決に資する」という社会技術研究開発センター独自の立場を最大限発揮できるよう、これまでの常識に右顧左眄せず、環境問題にかかわる新たな課題に積極的に立ち向かうことを目指しました。

　これに対し、同センターでは、大きな目標設定に基づく研究開発領域の構築と運営のために、領域総括のリーダーシップと、プロジェクトとの対話と協働のプログラムマネジメントを認め、本領域の設立後は、総括に最大限の裁量を持たせてくれ

ました。また、全期間にわたり、本分野に近い学術的実績を持つ人材を専任のアソシエイトフェローとして雇用して事務局体制を整えていただきました。さらに、産・官・学・金・市民のよいバランスをもつ現場感覚のあるアドバイザリーボードを設置していただきました。

　おかげ様で、大胆な試みにであったにもかかわらず、思いきり取り組ませていただくことができました。おそらく、プログラム設計の革新的試みにおいて長い実績をもつこのセンター以外の場では、このようなことは実現しなかっただろうと思われます。また、有本建男氏（前センター長、現在政策研究大学院大学教授）、岩瀬公一氏（領域設計時の室長、その後東北大学理事を経て現在文部科学省大臣官房政策評価審議官）には特別の励ましをいただきました。

　東日本大震災を経て、我が国では、社会の具体的な問題解決に資する研究開発の重要性がますます認識されるようになりました。最近の ICSU（国際科学会議）による地球環境研究の国際プログラム再編成、フューチャー・アースプログラム（2013-2022）の動向をみても、研究活動の設計や研究知見の創出においては、学術の専門家だけでなく、社会のさまざまなステークホルダーが参画する「分野横断（Trans-disciplinarity）」の方向がこれからの主流となりつつあります。社会的課題の解決を目指した本格的な社会技術研究開発プログラムの実績をもつ社会技術研究開発センターの意義は、このような中で、ますます高まっていくと考えられます。社会技術研究開発センターも、その期待に応えるべく、より一層の進化を遂げて頂きたいと思います。

　このような、わが国では先進的な現在のシステムを作り上げられた社会技術研究開発センターの歩みに、心より敬意を表すとともに、精力的に研究開発活動にかかわられたプロジェクトの皆さまのご努力と、アドバイザーの皆さま、地域や研究の現場でお世話になった多数の皆さまから、6年間にわたって頂いた温かいご支援に深く感謝を申し上げます。

　最後になりますが、公人の友社武内英晴社長の熱意にも厚く御礼申し上げます。

2014年3月

重藤　さわ子、堀尾　正靱

【編著者紹介】

堀尾　正靭（ほりお　まさゆき）

1943 年愛知県生まれ

1971 名古屋大学大学院工学研究科博士課程単位取得退学、工学博士（1974）。東京農工大学工学部教授、同大学院共生科学技術研究院教授などを歴任。現在東京農工大学名誉教授、龍谷大学政策学部教授、科学技術振興機構・社会技術研究開発センターのR&D領域「地域に根ざした脱温暖化・環境共生社会」領域総括（2014年3月末まで）。

[主な著書]

『流動層ハンドブック』（堀尾、森　編著：培風館、1999）、『環境－設計の思想』（共著、第7章「脱温暖化」と「脱近代化」, 東信堂、2007）『地域からエネルギーを引き出せ！－PEGASUSハンドブック』（共著：公人の友社、2010）『小水力発電を地域の力で』（小林、戸川・堀尾　監修、公人の友社、2010）、『地域分散エネルギーと「地域主体」の形成—風、水、光エネルギー時代の主役を作る』（小林久、堀尾正靭　編著、公人の友社、2011）、『持続可能な地域社会の実現と大学の役割』（共著、11章「地域自然エネルギー政策の現状と課題」、日本評論社、2014）

重藤　さわこ（しげとう　さわこ）

京都大学農学部卒業、京都大学大学院農学研究科修士課程修了、英国ニューカッスル大学にて Ph.D.（農学）取得（2006）。東京農工大学21世紀COEプログラム研究員（講師）、同大生物システム応用化学府、産官学連携研究員を経て、2008年より（独）科学技術振興機構・社会技術研究開発センター、アソシエイトフェロー、2013年4月より東京工業大学グローバルリーダー教育院特任准教授

[主な著書]

『地域生存と社会的企業－英・日の比較を通してみえてくるもの－』（共著、公人の友社、2007）、『地域からエネルギーを引き出せ！－PEGASUSハンドブック』（共著、公人の友社、2010）

生存科学シリーズ 11
地域が元気になる脱温暖化社会を！
―「高炭素金縛り」を解く「共―進化」の社会技術開発―

2014年3月19日　初版第1刷発行

編著者	堀尾正靱、重藤さわ子
監　修	独立行政法人科学技術振興機構社会技術研究開発センター 「地域に根ざした脱温暖化・環境共生社会」研究開発領域
発売所	公人の友社 〒112-0002　東京都文京区小石川5-26-8 TEL 03-3811-5701 FAX 03-3811-5795
印刷所	倉敷印刷株式会社

ISBN978-4-87555-639-8

生存科学シリーズ11
地域が元気になる脱温暖化社会を！
―「高炭素金縛り」を解く「共－進化」の社会技術開発―

【別冊付録】

「地域に根ざした脱温暖化・環境共生社会」研究開発領域
研究開発プロジェクト（PJ）紹介

※本誌24ページに記載されている「付録2」は、本「別冊付録」となります。
研究開発プロジェクトの内容については、本別冊付録をご覧ください。

目　次

① 大日方 PJ 「環境に優しい移動手段による持続可能な中山間地域活性化」……………… 4
② 亀山 PJ 「都市部と連携した地域に根ざしたエコサービスビジネスモデルの調査
　　　　　研究」……………………………………………………………………………… 6
③ 宮崎 PJ 「環境モデル都市における既存市街地の低炭素化モデル研究」…………… 8
④ 島谷 PJ 「I/Uターンの促進と産業創生のための地域の全員参加による仕組みの
　　　　　開発」……………………………………………………………………………… 10
⑤ 田内 PJ 「Bスタイル：地域資源で循環型生活をする定住社会づくり」…………… 12
⑥ 白石 PJ 「地域再生型環境エネルギーシステム実装のための広域公共人材育成・
　　　　　活用システムの形成」………………………………………………………… 14
⑦ 花木 PJ 「主体的行動の誘発による文の京の脱温暖化」……………………………… 16
⑧ 舩橋 PJ 「地域間連携による地域エネルギーと地域ファイナンスの統合的活用
　　　　　政策及びその事業化研究」…………………………………………………… 18
⑨ 田中 PJ 「快適な天然素材住宅の生活と脱温暖化を「森と街」の直接連携で
　　　　　実現する」………………………………………………………………………… 20
⑩ 黒田 PJ 「環境共生型地域経済連携の設計・計画手法の開発」……………………… 22
⑪ 桑子 PJ 「地域共同管理空間（ローカル・コモンズ）の包括的再生の技術開発
　　　　　とその理論化」…………………………………………………………………… 24
⑫ 内藤 PJ 「滋賀をモデルとする自然共生社会の将来像とその実現手法」………… 26
⑬ 駒宮 PJ 「小水力を核とした脱温暖化の地域社会形成」……………………………… 28
⑭ 宝田 PJ 「地域力による脱温暖化と未来の街－桐生の構築」……………………… 30
⑮ 永田 PJ 「名古屋発！低炭素型買い物・販売・生産システムの実現」…………… 32
⑯ 藤山 PJ 「中山間地域に人々が集う脱温暖化の『郷（さと）』づくり」………… 34

① 【大日方プロジェクト】(カテゴリーⅠ)
「環境に優しい移動手段による持続可能な中山間地域活性化」

・研究代表者：大日方聰夫

　特定非営利活動法人まめってぇ鬼無里　理事長
・研究開発実施場所：長野県長野市

　長野市鬼無里地区の地元 NPO と住民が中心となり、平成の大合併後の中山間地域の生存を目指し、地域資源と再生可能エネルギーに基づく持続型低炭素地域社会システムの構想を構築することを目標とした。当初、民生・農林・交通・観光部門への自然エネルギー活用を促し、地域環境と交通弱者等に配慮した地域振興と EV 系移動システム等、地域の内発力の生成を重視する方法論の開発を指向した。また「合併による住民自治意識と地域ガバナンス力の低下」の課題に対し、地域の豊かな自然と自然エネルギー活用に基づく持続可能な低炭素地域社会実現、中山間地域活性化のための社会技術シナリオの構築を目指した。

カテゴリーI　プロジェクト名：環境に優しい移動手段による持続可能な中山間地域活性化
プロジェクト代表者名：大日方 聰夫

■解決すべき鬼無里地区の問題

① 少ない雇用機会と人口減少
② 高齢化・過疎化・耕作放棄地増加・里山荒廃
③ 化石燃料依存型社会
④ 合併による自治意識と地域ガバナンス力の低下

■検証すべき仮説と検証方法（社会実験）

① 自然エネルギー（小水力、木質バイオマス、太陽光）の活用と環境に優しい交通システムの構築で雇用機会を増やしてＩ／Ｕターン者を迎える
② 伝統食や地場産業の体験を通じて鬼無里の自然の癒しや農林業体験を求める長期滞在型農家民泊希望者を増やす
③ 地元の交通弱者、通勤・通学者さらには観光客の交通の低炭素化インフラの設置とそれらの波及効果としての雇用機会を創出する
④ 特に、自然エネルギー発電で得た収益を活用して住民自治機能を再生させる

■得られる社会技術（研究開発要素）

① 自然エネルギーの利活用で雇用機会をつくり、Ｉ／Ｕターン者を迎えることで持続可能な地区住民の年齢構成を実現する
② 自然エネルギーで得た収益の一部を住民自治活動に充てることで、合併で低下した、地区住民の自治意識を再生する（＝「鬼無里モデル」）
③ 自然エネルギー発電によって、地区の家庭用電力自給率100％を目指す住民合意を形成する
④ これは長野県が呼びかける「1村1自然エネルギー」運動にも呼応するものである
⑤ 後継者の育成によって持続可能な中山間地域社会を構築する

■研究開発成果（社会技術）

① 薪に関する生産、流通、消費の総合システムである"鬼無里薪ステーション"の組織づくりや薪生産活動が始まった
② 鬼無里の歴史・文化・伝統行事に関わる食文化を地区内外に伝える「食の文化祭」が季節ごと計4回開かれ、鬼無里ファンが増えたと同時に住民の地域づくりへの関心が高まった
③ 合併直後からの奥裾花自然園への小水力発電導入（地元の意見を聞かない）計画は工事費増大を理由に中断されたが、PJや住民の強い要望で自然エネルギーによる発電計画が再開された
④ 『鬼無里モデルの構築』と住民自治協議会の自己改革

■関連する科学技術要素

① 自然エネルギー発電で家庭用電力需要の全てをまかなえる、自然エネルギー自給率100％の鬼無里地区を実現する
② 鬼無里地区に豊富な木質バイオマスを活用 するために「薪」の生産技術開発をする
③ 鬼無里地区の公共施設で使用するボイラーの熱源を木質燃料に切り替える
④ 自然エネルギー交通のためのインフラ設置

■PJの今後

① 自然エネルギーの利活用で雇用機会を生み出し、地域外との連携による新しい事業への展開
② 地域づくりへの関心が高まった住民を中心にその輪を広げ地域の活性化へつなげていく
③ 長野市が新たに計画した自然エネルギーによるマイクログリッドによる発電を利用し、奥裾花自然圏での環境に優しい移動手段を実現する
④ これらの取り組みは時間的・空間的に長く広いことを意識しつつ人材交流育成につとめる

②【亀山プロジェクト】(カテゴリーⅠ)

「都市部と連携した地域に根ざしたエコサービスビジネスモデルの調査研究」

・研究代表者:亀山秀雄

　　　　　東京農工大学大学院教授

・研究開発実施場所:神奈川県小田原市・

　　　　　足柄下郡箱根町

　箱根・小田原地区を舞台にして、ITC技術と小水力発電、蓄電技術、EV利用技術等により次世代の観光開発の設計に取り組んだ。特に、首都圏の住民と地域を、「ボランティア・ツーリズム」を通じた交流で結ぶことにより、居住地以外での環境活動を含むボランティア活動で、首都圏住民のライフスタイルの低炭素化を促すとともに、観光地とその周辺地域の活性化を実現するため、そのビジネスモデルの理論化と実現にむけた合意形成手法の確立を検討した。

カテゴリーI 都市部と連携した地域に根ざしたエコサービスビジネスモデルの実証
亀山 秀雄（東京農工大学大学院 応用化学専攻 教授）

■解決すべき社会の問題

観光産業において、『地域活性化』と『CO_2削減』の両立と地域における再生可能エネルギーによる自律分散型システムを導入したまちづくり
【研究フィールド：箱根・小田原・足柄地域】

■研究開発全体像

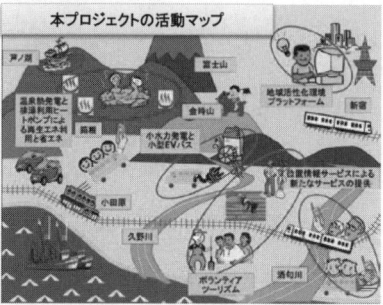

本プロジェクトの活動マップ

■研究成果の活用・展開に向けた状況（1）

(1) 位置情報を活用したソーシャルメディアに関する研究

・ICTを活用したコミュニケーション活性化技術

実社会で生かされるツールとするため研究期間中に設計したアプリケーションについて試行的に開発した。開発したのは、楽しみながら環境に配慮した観光ができ、お得な情報も得られるアプリケーションである。twitterと連携しており、結果的にFacebookにも反映される仕組みとなっている。これらによって利用者の行動がバーチャルコミュニティを通じて広く拡散される仕組みを持っている。旅行雑誌に載っていない地域ならではの情報にスポットを当て、小田原デジタルアーカイブ
(http://www.city.odawara.kanagawa.jp/encycl/)
データと連携をして、過去の歴史的・文化的情報を位置情報と紐付けている。
現在、アプリケーションの公開手続きを行ってる。

(2) 地域のエネルギーマネジメントに関する研究（エネルギーの地産地消）

・エネルギーの地産

研究期間中に久野川流域での小水力発電プロジェクトを立ち上げることが市民レベルで検討され始めた。本プロジェクトを支援するため、河川の占用手続きを実施し、期間は限定的ではあるが許可を得ることができた。現在は、発電環境に適した発電機の調査や河川の占用許可手続きに必要な手順を纏めている。今後は、他の地域でも小水力発電が普及・促進するよう導入プロセスを公開する予定である。

■研究成果の活用・展開に向けた状況（2）

(2) 地域のエネルギーマネジメントに関する研究（エネルギーの地産地消）

・エネルギーの地消（再生可能エネルギーの利用技術）

地域内でのエネルギー利用を検討すべく、1つの例としてEVバスを利用したスローモビリティを提案し、一般社団法人蓄電型地域交通推進協会と共催でシンポジウムを開催した。

(平成25年11月4日（月・祝）@小田原箱根商工会議所)
＜エネルギーの地産を考える上で重要な要素＞
・地域の人々が安心・安全を軸に地域のありたい姿をディスカッションすること。
・地域特性に合わせたエネルギーの創出や利用にベストミックスな解を見出す必要があること。

■PJの取り組み継続について

●工学的技術要素
・再生可能エネルギー利用技術
⇒地域のエネルギーマネジメントに関する研究（エネルギーの地産地消）
・ICTを活用したコミュニケーション活性化技術
⇒位置情報を活用したソーシャルメディアに関する研究
●人的・社会的技術要素
地域活性化環境プラットフォームやボランティアツーリズム、スローモビリティという新しい考えのもとに都市部・非都市部の連携を促す手法・設計法

③【宮崎プロジェクト】(カテゴリーⅠ)

「環境に優しい移動手段による持続可能な中山間地域活性化」

・研究代表者：宮崎　昭

　九州国際大学大学院企業政策研究科　教授

　[平成22年10月～平成23年4月

　　研究代表者：湯淺墾道　九州国際大学法学部教授]

・研究開発実施場所：福岡県北九州市

　斜面地居住、中心市街地の衰退、高齢化による都市限界集落化等、全国の産業都市の多くに共通する課題を、北九州市八幡東区を事例とし、低炭素化を図りつつ諸問題を解決する仕組みの開発を行った。具体的には、産・学・官・市民で構成する「次世代システム研究会」でのこれまでの検討実績を活かし、2050年の様子を推計した。その結果をもとに、循環・環境共生・長寿命ストック型の地域設計とそれに基づく市民自身による低炭素化とまちづくりの実践の仕組みとしての「エリアマネジメント公益法人」設立を通した、衰退気味の市街地の低炭素化と活性化を同時に実現する本格的な街づくり構想を構築した。

カテゴリーI 環境モデル都市における既存市街地の低炭素化モデル研究
研究代表者：宮崎昭（九州国際大学 大学院企業政策研究科　教授）

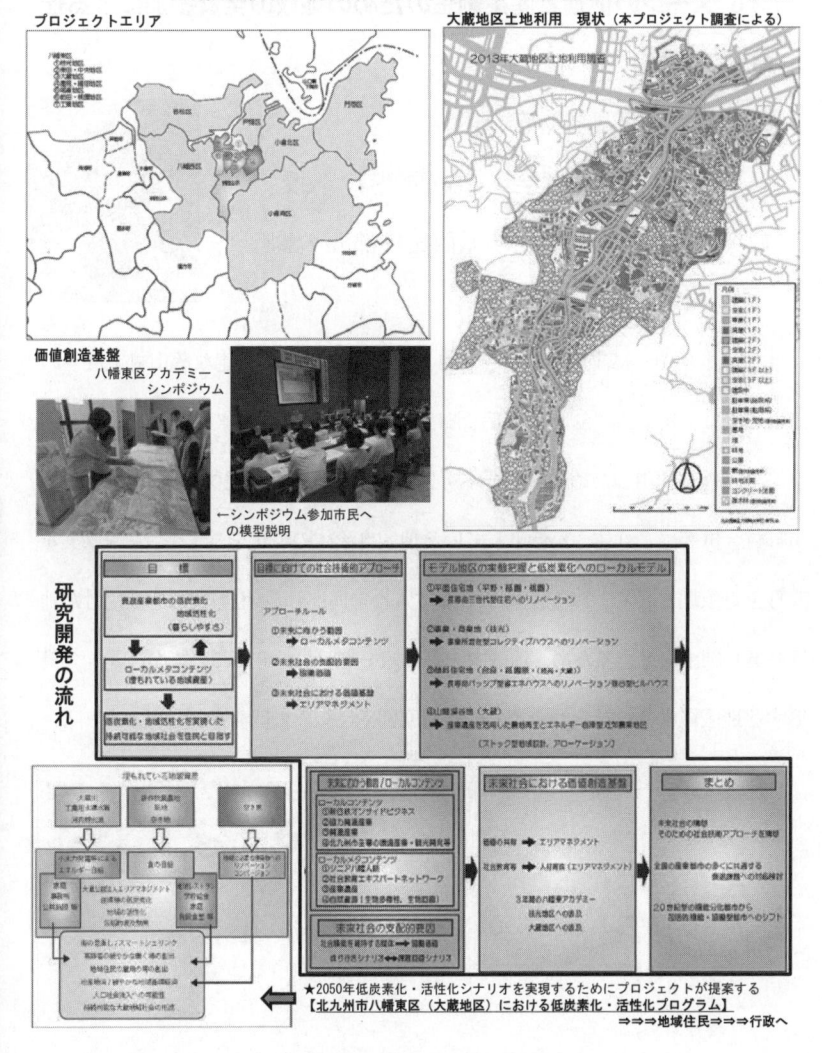

④【島谷プロジェクト】(カテゴリーⅡ)
「I/U ターンの促進と産業創生のための地域の全員参加による仕組みの開発」

・研究代表者：島谷幸宏

　　九州大学大学院工学研究院　教授

・研究開発実施場所：宮崎県西臼杵郡五ヶ瀬町

　自然エネルギーによるエネルギー自立と食料の自給が可能な農山村地域への人口還流は、我が国の温暖化対策における重要な要素の一つであるとともに、国土保全、森林利用のためにも必要不可欠である。本研究開発プロジェクトでは、市町村合併等により体力が低下している地域自治体の現状をふまえ、宮崎県五ヶ瀬町を対象地として、I/U ターン者受け入れを促進し、「地域資源を活用した地域産業」創出を進めるため、地域内部の摩擦を克服し、町において全員参加で構築する地域経営体（社会的企業）の組織原則や仕組みの開発を行った。

カテゴリーⅡ I/Uターンの促進と産業創生のための地域の全員参加による仕組みの開発
島谷幸宏（九州大学大学院工学研究院 教授）

目標1） 地域の自然エネルギーを地域で使うことによる「都市から中山間地への人口還流によるCO₂削減効果」の検証

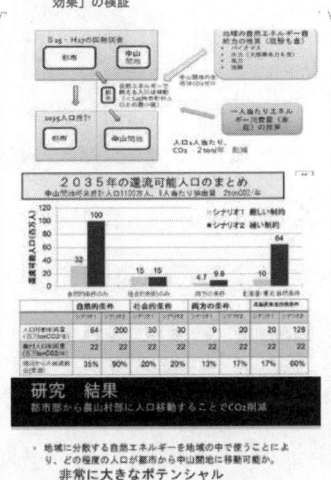

2035年の還流可能人口のまとめ
中山間地の人口110万人、1人当たり自然エネルギー量0.002kw/年

研究 結果
都市部から農山村部に人口移動することでCO₂削減

- 地域に分散する自然エネルギーを地域の中で使うことにより、どの程度の人口が都市から中山間地に移動可能か。
  非常に大きなポテンシャル
  現実的には500万人から1000万人
- その結果どの程度のCO₂削減効果があるのか定量的に求める。
  年間3000万tonCO₂/年〜4000万tonCO₂/年

中山間地の暮らしを自然エネルギー依存にすることのみで人口還流なしで2000万tonCO₂/年

目標2） I/Uターンを促進するために、地域の人々が主体となる地域経営主体が創生され、持続的に発展するための仕組みの開発

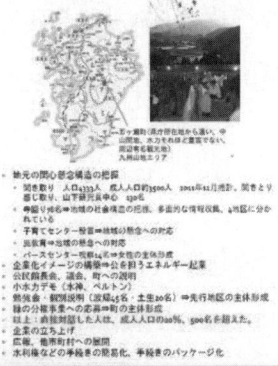

- 地元の関心・懸念構造の把握
  - 関き取り 人口3333人、成人人口3500人 2011年11月現在、聞きとり活動実施 約22名
  - 手探りで地域の社会構造の把握、多面的な情報収集、4班に分かれている
  - 子育てセンター整備⇒地域の懸念への対応
  - 鳥獣害⇒地域の懸念への対応
  - バースセンター可能性⇒女性の主体形成
  - 企業化イメージの構築⇒公を担うエネルギー起業
  - 公民館兵舎、進化への説明
  - 小水力デモ（2班、ベトナン）
  - 競馬会・賃貸説明（放課45名・土生26名）⇒先行地区の主体形成
  - 緑の分隊事業への委嘱先町の主体形成
  - 以上、直接対話した人達、成人人口の5%、400名を超えた。
  - 企業の立ち上げ
  - 広報、他市町村への展開
  - 水利権などの手続きの簡易化、手続きのパッケージ化

I/Uターンを促進するためには、「帰ってこいよ」「来てみらんね」と言える社会をつくること

五ヶ瀬町の課題
① 仕事がない
② 少子高齢化
③ 若妻主婦の見知児子育てて世代の孤立
④ 鳥獣害
⑤ 医療
⑥ 地域で頑張っている人はいるが、それらが連携していない
⑦ スキー場、ワイナリーなど第3セクターが税金で支えているが赤字

これを解決するための、全員参加による志の高い産業創成

対象地域において、本研究開発における一貫した姿勢

□ 様々な人が主体となり対象地域を考える視点（老若男女）を持ち、季節変化に敏感になりその美しさや移り変わりや生物の営みに感動、感謝（花鳥風月）をもって研究を行う。
□ 研究の対象は、地域に根ざした人々とその生き方であり、I/Uターン者の人生観である。
□ それを受け止めるためには、研究する者の根幹に、人とは何か、生きるとは何か、自然とは何か、それらを素朴に捉えようとする姿勢を持ち続けることが大切である。

全員参加の仕組み 男性の参加
主体形成の手法として小水力発電デモンストレーションは強力なツール

- 小水力発電デモンストレーションは多くの人の協力がいる
- 小水力発電の仕組みを理解し、自分のものとして体感する
- 主体が形成される

全員参加の仕組み 女性の参加
助産施設見学で主体形成が、新しい企業⇒資金⇒五ヶ瀬に助産院を！
女性研究者の役割は大きい

助産院の見学で火がつく

他地域の見学で、五ヶ瀬にも産業が新しい豊島開発を

町内の女性がつながり、いよいよ五ヶ瀬でも豊島開発が始まる。人のつながりが産業連関へ。副島豊島食会。

⑤【田内プロジェクト】(カテゴリーⅡ)

「Bスタイル：地域資源で循環型生活をする定住社会づくり」

・研究代表者：田内裕之

　　独立行政法人森林総合研究所 客員研究員

・研究開発実施場所：高知県吾川郡仁淀川町

　農林業を基盤とした各種産業の衰退と、過疎高齢化による地域社会の疲弊が中山間地域の大きな社会問題になっている。本プロジェクトでは、地域が愛し誇りを持つ食物やサービスがあり、地域資源を使った数多くの副業型生業によって安心して生活する「環境共生型の生活様式」をBスタイルと位置づけ、それが実現し、定着可能な定住社会作りを目指した。具体的には、典型的な山村である高知県仁淀川町において、地域の放置・未開発資源の発掘・利用を行い、a) 自然エネルギーの生産・利用を進め、b) 様々な生業（主業もしくは副業）の再生や創造を行い、c) それによって都市部からの人口還流（I/U ターン）を促進し、脱温暖化をはじめとした環境負荷の少ない資源循環型の定住社会の再構築を図った。

13

カテゴリーⅡ **Bスタイル：地域資源で循環型生活をする定住社会づくり**
田内裕之（独立行政法人森林総合研究所　客員研究員）

主査機関：森林総合研究所四国支所
協働体制：によど自然素材等活用研究会、NPO法人土佐の森・救援隊、
NPO法人人と地域の研究所、NPO法人共存の森ネットワーク、（株）川崎重工業、高知エコデザイン協議会、高知
県森林技術センター、高知大学、高知工科大学、仁淀川町、高知県、四国森林管理局、仁淀川流域各種団体

Bスタイルとは：手頃で美味しいB級グルメのように、地元にある資源を活用して派手ではないが
心豊かな暮らしをする、ライフスタイル

農山村には未利用の様々な資源が眠っています。その資源を活用し、小規模ながらも多くの生業（百業）を組み合わせ、資源が循環し環境と共生する生活によって、定住社会の再構築を目指すプロジェクトを高知県仁淀川町で行っています。

地域エネルギーでの脱温暖化と地域の自立

1. 木質バイオマス
薪利用機器（薪ボイラ）の運用実証試験
薪利用における消費エネルギー調査、CO_2削減効果
薪ボイラーシステムによる各種試算効果

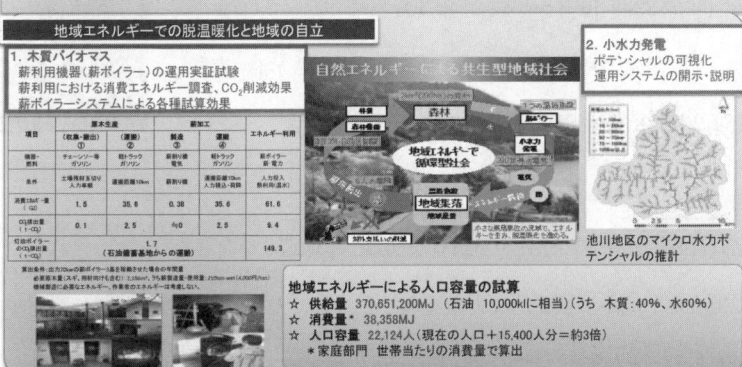

2. 小水力発電
ポテンシャルの可視化
運用システムの開示・説明

池川地区のマイクロ水力ポテンシャルの推計

地域エネルギーによる人口容量の試算
☆ 供給量 370,651,200MJ（石油 10,000kl に相当）（うち 木質：40％、水60％）
☆ 消費量* 38,358MJ
☆ 人口容量 22,124人（現在の人口＋15,400人分＝約3倍）
 *家庭部門　世帯当たりの消費量で算出

百業生活による生活様式「Bスタイル」の開発

1. 自伐林業を主とする百業生活
①2.5m幅程度の作業道
②小型（3tクラス）バックホウ
③軽架線・林内作業車による搬出

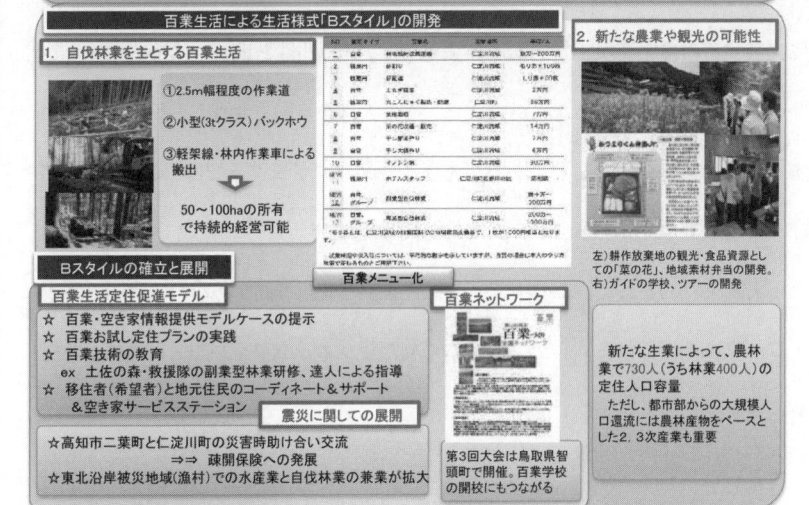

→ 50～100haの所有で持続的経営可能

百業メニュー化

2. 新たな農業や観光の可能性
左）耕作放棄地の観光・食品資源としての「菜の花」、地域素材弁当の開発。
右）ガイドの学校、ツアーの開発

Bスタイルの確立と展開

百業生活定住促進モデル
☆ 百業・空き家情報提供モデルケースの提示
☆ 百業お試し定住プランの実践
☆ 百業技術の教育
ex 土佐の森・救援隊の副業型林業研修、達人による指導
☆ 移住者（希望者）と地元住民のコーディネート＆サポート
＆空き家サービスステーション

震災に関しての展開
☆高知市二葉町と仁淀川町の災害助け合い交流
　⇒⇒ 疎開保険への発展
☆東北沿岸被災地域（漁村）での水産業と自伐林業の兼業が拡大

百業ネットワーク
第3回大会は鳥取県智頭町で開催。百業学校の開校にもつながる

新たな生業によって、農林業で730人（うち林業400人）の定住人口容量

ただし、都市部からの大規模U I還流には農林産物をベースとした2、3次産業も重要

⑥【白石プロジェクト】(カテゴリーⅡ)

「地域再生型環境エネルギーシステム実装のための広域公共人材育成・活用システムの形成」

・研究代表者:白石克孝　龍谷大学政策学部 教授

　［平成 22 年 10 月～平成 24 年 3 月

　　研究代表者:富野 暉一郎　龍谷大学法学部　教授］

・研究開発実施場所:京都府・東北地方

化石資源に依存した社会から脱石油社会への構造改革を進めるには、それを全国で担う専門的かつ横断的な力量をもった大量の人材形成と活用方法の開発が必要である。すなわち、地方自治体等で再生可能エネルギー利用技術を地域社会に実装するのに必要な工学的および法・社会学的専門性と地域主体形成のファシリテーション能力をもった人材育成と、その人材を全国で共有し、効率的に活用するシステムの形成が必要である。本研究開発プロジェクトでは、CO_2 削減に結びつく具体的実務作業を担うことが出来る地域公共人材の育成システムの開発・実証を目的とした。この中で、人材育成塾と受講者間、あるいは講師とネットワークに基づくコミュニティーをつくりだす「ネットワーク型人材育成」を提案、実証した。

15

カテゴリーⅡ 「地域再生型環境エネルギーシステム実装のための広域公共人材育成・活用システムの形成」
白石克孝（龍谷大学　政策学部　教授）

再生可能エネルギー分野の人材育成のねらい

「地域再生型環境エネルギーシステム」を創出する人材育成システムを確立し、温室効果ガス削減シナリオを地域から具体化することが本プロジェクトのねらいである。地域実装の取り組みを実現できる人材の育成のためには、人材育成塾の受講者間あるいは講師と受講者間に人材ネットワークに基づくコミュニティーを作り出すことが有効である。こうした「ネットワーク型人材育成」アプローチによって、地域内外の人材を地域再生と再生可能エネルギーの地域導入とを結びつけることができる。

人材育成プログラムの実施内容と地域への再生可能エネルギーの広がり

● 復興人材育成塾
　2012年6月～7月にかけて開催。座学6回を行った後に、いわき市、釜石市、気仙沼市、会津若松市に視察を行ない、具体的な事業計画を提案する。

● 再生可能エネルギー塾
　2012年11月～12月に座学6回と小水力フィールドワークを実施。その後、受講生の地域での事業計画を検討する「地域再エネワーキング」を開催する。

● 新城・再生可能エネルギー塾
　自治体向けの再生可能エネルギー塾を2013年8月～9月に開催する。

● 再エネ条例シンポジウム
　再エネ条例の制定とその仕組みをアウトリーチするために、2012年、2013年に連続開催。

再生可能エネルギー塾の様子 →→

新城・再生可能エネルギー塾の様子→→

プロジェクト成果

　人材育成塾や再エネ条例シンポジウムを通じて、再生可能エネルギー事業や再エネ条例に取る組む13の地域を作り出すことに成功した。こうした地域に発電事業主体を作り出していくことによって、本プロジェクトで検討した右図に示すロードマップを歩むことが可能になる。
　また、プロジェクトでは、非収奪型再生可能エネルギー活用の事業モデルを提案するなど、人材育成の実施後の展開も検討した。そして、人材育成と通じた人材ネットワークをつくりだし、その後、着実に再生可能エネルギー実装できる社会システムとして、「ネットワーク型人材育成」を提案するに至った。

写真：プロジェクトで検討した「非収奪型再生可能エネルギー事業モデル」による太陽光発電事業。和歌山県印南町。

⑦【花木プロジェクト】(カテゴリーⅡ)
「環境に優しい移動手段による持続可能な中山間地域活性化」
・研究代表者：花木啓祐
　　東京大学大学院工学系研究科　教授
・研究開発実施場所：東京都文京区

　大学等と東京都文京区の住民およびNPOが協力し、幼稚園・保育園、小・中学校を中心にして脱温暖化の学習と実践を試行し、さらに家庭・地域への拡大を促し、それに基づいた本手法の方法論化を進めた。また、本地区の多数の大学の学生や区民を学習リーダーとして育てることによってこのような活動を拡大することを通して、主体的行動の誘発による脱温暖化推進の有効性の検証を行った。さらに、中小企業と大規模事業所・大学等の場でも主体的な行動誘発による脱温暖化推進の試みを進め、その有効性を実証していくことを指向した。

カテゴリーⅡ 主体的行動の誘発による文の京の脱温暖化

花木啓祐（東京大学大学院工学研究科 教授） 東京大学

澤谷 精（環境ネットワーク・文京(NPO)理事長）、荒巻俊也（東洋大学 教授）

仮説の設定

- 地域の人材を育て、活用する。
- 学校、家庭、事業所における主体的な脱温暖化活動を分野横断的に進める。
- 大都市における地域コミュニティにおいて全体的に脱温暖化の潮流が形成される。

社会実験 →

プロジェクトによる仮説の検証

大学生を含む多様な人材を地域で育て、幼稚園・保育園、小中学校に送り込むことで、従来の環境教育に加え、世代間・職種間の交流を図る。さらに、町内会経由、各種イベントに付随するプログラムを展開し、さまざまな属性の区民の主体的な行動を促進する。業種間や大学と業務の交流の場を、交流会やコンテストを通じて作り、働く場、学ぶ場での行動を促進する。

対象地域と現状の問題 東京都文京区＝文の京（ふみのみやこ）

- 総人口：約20万人、世帯数：約11万 （単身世帯51%が特徴）
- CO_2排出源：家庭部門25%、業務部門52%であり、家庭や働く場での脱温暖化行動が重要。
- 学校での環境教育、家庭へのマスコミ・新聞を通じた啓発、事業所における省エネ担当者の取り組みが分断
- 一般的脱温暖化配慮意識と脱温暖化行動実行段階の間にギャップ
- 地域が抱える問題（希薄な地域コミュニティ、乏しい世代間交流）と省エネ行動の普及が関連づけられていない
- 専門能力や社会能力に富む地域の人材（シニア層、女性）に活躍の場が与えられていない。

取り組みとその実績

人材の育成 ＜地域の人材の発掘＞

- 2011, 2012, 2013年の3回にわたって環境学習指導員認定講座を実施し、延べ32名の環境学習指導員を認定。これらの学習指導員が実際のプロジェクト活動に参加した。
- 専門知識や社会性を持った元気なシニアや社会貢献を希望する元気な母親などを発掘

家庭への働きかけ ＜さまざまなルートを活用＞

- 学校教育を通じて家庭での脱温暖化行動に働きかける
  幼稚園・保育園（20園）、小学校（14校）、中学校（8校）で、
  環境教育プログラム実施
- イベントなどを通じて直接的に個人に働きかける
  プチエコプログラム（毎年8回程度）、省エネ診断・相談所開催（毎年6回）

事業所・大学への働きかけ ＜大規模事業所の成果を踏まえて中小企業へ＞

- 大規模事業所の2011年夏の大幅節電
- 中小企業省エネ事例交換会、省エネアイデアコンテスト
  （昨年比20%以上削減を達成した2社に授賞）
- 東京大学におけるサステイナブルキャンパス活動・
  文京区内大学間の学生ネットワーク形成

⑧【舩橋プロジェクト】(カテゴリーⅠ)

「地域間連携による地域エネルギーと地域ファイナンスの統合的活用政策及びその事業化研究」

・研究代表者：舩橋晴俊　法政大学社会学部　教授

［平成21年10月～平成24年6月　研究代表者：飯田哲也
　特定非営利活動法人環境エネルギー政策研究所 所長］

・研究開発実施場所：東京都・東北地方

「エネルギー消費地」としての都市と「再生可能エネルギー生産地」としての地域の特徴を相補的に生かし、都市の再生可能エネルギー需要の拡大に連動し、地域マネーを活用した再生可能エネルギー供給の拡大により、都市における大幅な CO_2 削減と地域経済の活性化・雇用拡大を同時に達成する新たな政策とその事業化モデルの開発を目標とした。そのために、「資源」「資金」「担い手」に重点を置く3つのグループを設け、各地域での再生可能エネルギーの「資源」の評価の仕組みを活かすと共に「資金」「担い手」の各グループにおいて調査・検討を行い、地域に根ざした再生可能エネルギーの「事業」を実現するためのプロセスを示すとともに、上記2つの目標を達成する新たな政策とその事業化モデルの開発を行った。

カテゴリーI 「**地域間連携による地域エネルギーと地域ファイナンスの統合的活用政策及びその事業化研究**」

舩橋晴俊(法政大学 社会学部 教授)

■プロジェクト要旨

「エネルギー消費地」としての都市と「再生可能エネルギー生産地」としての地域の特徴を相補的に生かし、都市の再生可能エネルギー需要の拡大に連動させて、地域マネーを活用した再生可能エネルギー供給の拡大により、都市における大幅なCO₂削減と地域経済の活性化・雇用拡大を同時に達成する新たな政策とその事業化モデルの検討と提言

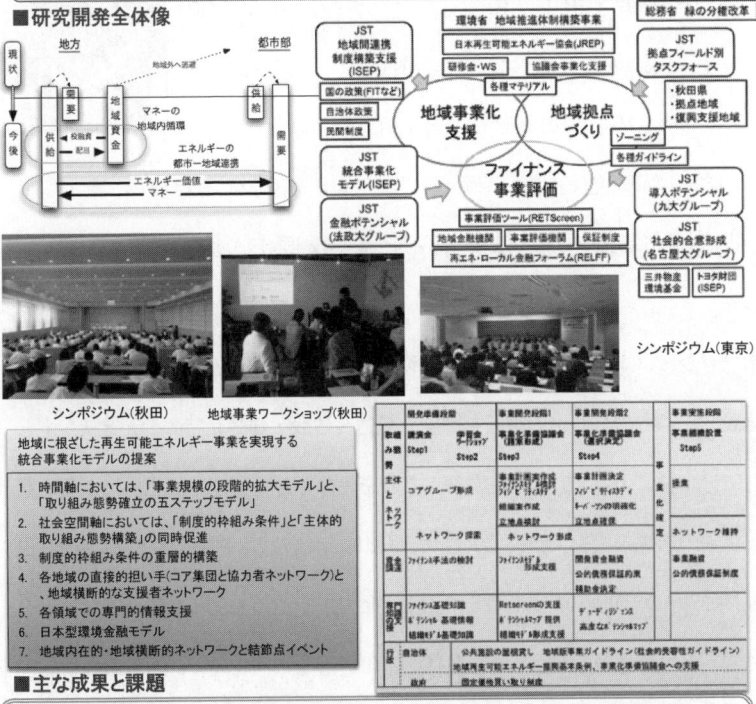

■研究開発全体像

シンポジウム(東京)

シンポジウム(秋田)　地域事業ワークショップ(秋田)

地域に根ざした再生可能エネルギー事業を実現する統合事業化モデルの提案

1. 時間軸においては、「事業規模の段階的拡大モデル」と、「取り組み態勢確立の五ステップモデル」
2. 社会空間軸においては、「制度的枠組み条件」と「主体的取り組み態勢構築」の同時促進
3. 制度的枠組み条件の重層的構築
4. 各地域の直接的担い手(コア集団と協力者ネットワーク)と、地域横断的な支援者ネットワーク
5. 各領域での専門的情報支援
6. 日本型環境金融モデル
7. 地域内在的・地域横断的ネットワークと結節点イベント

■主な成果と課題

1. 学術的・技術的貢献(知見、方法論の創出):総括的「統合事業化モデルの提唱」、個別的「統合事業化モデルを支える諸要素の作成と提供」「エネルギーポテンシャルデータの形成と提供の仕組み」「地域自然エネルギー振興基本条例(ひな形案)」「社会的受容性ガイドラインの構成項目の抽出」「関連する基本データ収集:自治体風力発電アンケート調査、信用保証協会アンケート調査、各種金融機関に対する系統的聞き取り、金融ポテンシャルデータ」
2. 社会的貢献:「各地域の再生可能エネルギー事業への取り組み支援」「さまざまな専門知識とともに、統合事業化モデルの提供により、取り組みの五ステップの自覚的通過・組織化を提案」「講演会、学習会、での専門知識提供という形での支援」「フォーラムによるネットワーク形成の促進」「各地域の個性(エネルギーポテンシャル)に即した有力技術的選択への助言」「資金調達手法の選択肢についての助言」
3. 社会実装にあたっての課題と展望:次に残された問題は、統合事業化モデルに立脚した成功事例をつくることである。

⑨【田中プロジェクト】(カテゴリーⅡ)

「快適な天然素材住宅の生活と脱温暖化を「森と街」の直接連携で実現する」

・研究代表者：田中　優

　一般社団法人天然住宅　共同代表

　　［平成21年10月～平成22年5月

　　　研究代表者：外岡　豊　埼玉大学経済学部 教授］

・研究開発実施場所：東京都・宮城県栗原市

　本プロジェクトは、「森と街を直接連携することで、国産木材の天然素材住宅を建設し、国内の林産地の復活を図り、輸送・建設・建替え時のCO_2を減らすとともに、木材によるCO_2を固定する」ことを目標として掲げ、国産材による木質多用住宅の市場規模を大幅に拡大させ、昭和30年代の7年間約5000万㎥程度(現政権目標シェア50%)の出荷量を再現し、発生するバイオマスの経済的な利用を推進するという仮説を検証した。具体的には、①省エネルギー、高寿命の新しい天然素材住宅の開発とその性能評価、②中間マージンを排し、林産地と住宅建設を直接つなぐ一気通貫ビジネスモデルの実証、③木質多用住宅事業を支援する金融システムの開発、④これらに基づく持続的林業の実現可能性の実証、⑤2050年カーボンニュートラル生活実現シナリオの検証、という視点で研究を実施した。

カテゴリーⅡ

快適な天然素材住宅の生活と脱温暖化を「森と街」の直接連携で実現する

森と街の豊かで持続できる関係 ―目指す社会―

森
安全で丈夫な材料の提供
カーボンニュートラルなエネルギー
再生可能な伐採・利用

街
健康で長寿命
省エネ
長期にわたり炭素を固定

寿命は300年へ

今の"住宅"の問題	戦後の質より量を求めた住宅政策等により、住宅の質の低下と短命化を招いている
今の"森林"の問題	約45%ある人工林が伐期期を迎えているが、国産材が活用されずに森林の更新ができない 木材価格の低迷、その他の要因により林業の採算性が確保できず、山の管理が行われない

提案1：国産木材を多用した住宅で、未来をつくる

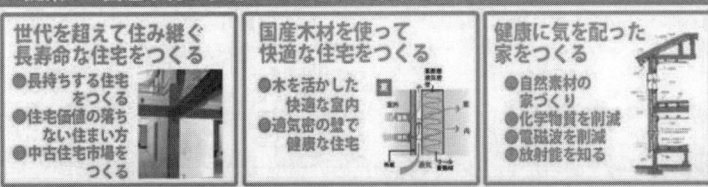

世代を超えて住み継ぐ長寿命な住宅をつくる
- 長持ちする住宅をつくる
- 住宅価値の落ちない住まい方
- 中古住宅市場をつくる

国産木材を使って快適な住宅をつくる
- 木を活かした快適な室内
- 適気密の壁で健康な住宅

健康に気を配った家をつくる
- 自然素材の家づくり
- 化学物質を削減
- 電磁波を削減
- 放射能を知る

提案2：持続可能な林業に再生し、森をつくる

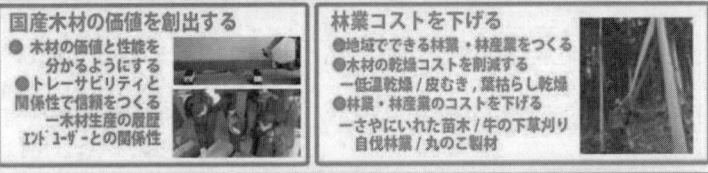

国産木材の価値を創出する
- 木材の価値と性能を分かるようにする
- トレーサビリティと関係性で信頼をつくる
  ―木材生産の履歴
  エンドユーザーとの関係性

林業コストを下げる
- 地域でできる林業・林産業をつくる
- 木材の乾燥コストを削減する
  ―低温乾燥/皮むき, 葉枯らし乾燥
- 林業・林産業のコストを下げる
  ―さやにいれた苗木/牛の下草刈り
  自伐林業/丸のこ製材

提案3：森と街をつないで、持続できる社会をつくる

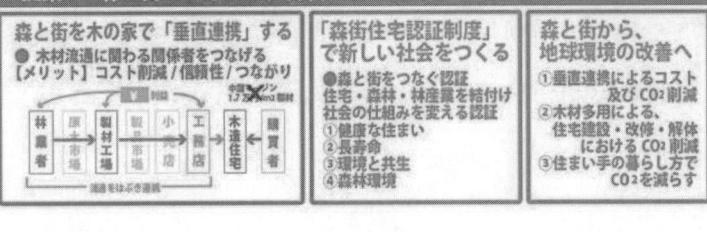

森と街を木の家で「垂直連携」する
- 木材流通に関わる関係者をつなげる
【メリット】コスト削減/信頼性/つながり

林業者→原木市場→製材工場→製品市場→小売店→工務店→木造住宅→購買者

「森街住宅認証制度」で新しい社会をつくる
- 森と街をつなぐ認証
  住宅・森林・林産業を結付け
  社会の仕組みを変える認証
  ①健康な住まい
  ②長寿命
  ③環境と共生
  ④森林環境

森と街から、地球環境の改善へ
①垂直連携によるコスト及びCO2削減
②木材多用による、住宅建設・改修・解体におけるCO2削減
③住まい手の暮らし方でCO2を減らす

⑩【黒田プロジェクト】(カテゴリーⅠ)

「環境共生型地域経済連携の設計・計画手法の開発」

・研究代表者：黒田昌裕

　東北公益文科大学学長（〜H24.3）／独立行政法人科学技術振興機構研究開発戦略センター上席フェロー／慶應義塾大学名誉教授

・研究開発実施場所：山形県

　山形県をフィールドとし、農業・林業・製造業・住宅及び新エネルギー等に関する研究結果を、県全体を4つの地域に分割した地域間産業連関表に反映させ、地域間連携の実態を明らかし、脱温暖化のための環境保全と地域経済との両立を図る社会システムデザイン(Evidence-based Policy)の構築に向けての統計体系づくりとその統計を用いた評価手法を開発することを目標とした。農・林学などの理系と経済・環境政策学などの文系の研究者がそれぞれの研究成果を産業連関表によって統合的に解析し、地域ごとの産業の特徴などを明らかにするとともに、各産業分野や家庭の省エネルギーや、新エネルギーを含む電力構造などの脱温暖化に向けた提案を、山形県をモデルとして行った。

カテゴリー I 地域に根ざした脱温暖化・環境共生社会の構築に向けて
「環境共生型地域経済連携の設計・計画手法の開発」

研究代表者：黒田昌裕（東北公益文科大学 前学長）

経済活性化と環境保全の共生実現の地域社会デザイン手法の開発による
地域特性を踏まえたEvidence-based の社会システム設計と実装のための
地域行政、地域の大学、そして地域住民の協働の場の形成

—研究 Project—
- 総括テーマ ：政策効果の「見える化」指標の作成
- 実証テーマ I：低炭素指向循環型農業システムの開発
- 実証テーマ II：脱温暖化の森づくり・山形モデルの構築
- 実証テーマ III：資源リサイクル・海洋ごみ対策・廃棄物管理における低炭素化
- 実証テーマ IV：啓発　手法の開発と実践

実施体制：研究代表者 黒田昌裕（東北公益文科大学 前学長）
東北公益文科大学（大藏恒彦名誉教授、大島美恵子名誉教授、呉尚浩教授、白辺攻 元准教授、古山隆准教授、山本裕樹元講師、尾身祐介 元准教授、一ノ瀬大輔 元講師、山越啓一郎 元助教、松木兼一郎 元研究員）
山形大学農学部（小沢亙教授、野堀嘉裕教授、吉田宣夫教授、高橋敏起名誉教授、家串哲夫准教授、藤科智海准教授、堀口健一教授）
鶴岡工業高等専門学校（丹省一名誉教授）

いまこそ必要な地域・地方の分権・自立への道
地域の経済活性化と環境共生社会を求めて
— 社会システム改革のエビデンス・ベース政策立案 —

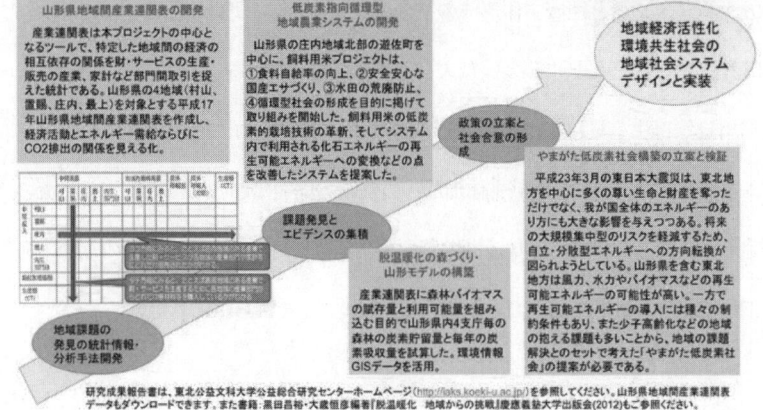

山形県地域間産業連関表の開発

産業連関表は本プロジェクトの中心となるツールであり、特定した地域内の経済の相互依存の関係を財・サービスの生産・販売の産業、家計など部門間取引を捉えた統計である。山形県の4地域（村山、置賜、庄内、最上）を対象とする平成17年山形県地域間産業連関表を作成し、経済活動とエネルギー需給ならびにCO2排出の関係を見える化。

低炭素指向循環型地域農業システムの開発

山形県の庄内地域北部の遊佐町を中心に、飼料用米プロジェクトを①食料自給率の向上、②安全安心な国産エサ米づくり、③水田の荒廃防止、④循環型社会の形成を目的に掲げて取り組みを開始した。飼料用米の低炭素的栽培技術の革新、そしてシステム内で利用される化石エネルギーから再生可能エネルギーへの変換などの点を改善したシステムを提案した。

地域経済活性化 環境共生社会の地域社会システムデザインと実装

課題発見とエビデンスの集積

脱温暖化の森づくり・山形モデルの構築

産業連関表に森林バイオマスの賦存量と利用可能量を組み込む目的で山形県内4支庁毎の森林の炭素貯留量と毎年の炭素吸収量を試算した。環境情報GISデータを活用。

地域課題の発見の統計情報・分析手法開発

政策の立案と社会合意の形成

やまがた低炭素社会構築の立案と検証

平成23年3月の東日本大震災は、東北地方を中心に多くの尊い生命と財産を奪っただけでなく、我が国全体のエネルギーのあり方にも大きな影響を与えつつある。将来の大規模集中型のリスクを軽減するため、自立・分散型エネルギーへの方向転換が図られようとしている。山形県を含む東北地方は風力、水力やバイオマスなどの再生可能エネルギーの可能性が高い。一方で再生可能エネルギーの導入には種々の制約条件もあり、また少子高齢化などの地域の抱える課題も多いことから、地域の課題解決とのセットで考えた「やまがた低炭素社会」の提案が必要である。

研究成果報告書は、東北公益文科大学公益総合研究センターホームページ (http://koeki-u.ac.jp/) を参照してください。山形県地域間産業連関表データもダウンロードできます。また書籍：黒田昌裕・大歳恒彦編著『脱温暖化 地域からの挑戦』慶應義塾大学出版会(2012)もご参照ください。

⑪【桑子プロジェクト】(カテゴリーⅠ)

「地域共同管理空間(ローカル・コモンズ)の包括的再生の技術開発とその理論化」

・研究代表者：桑子敏雄

　　　　　東京工業大学大学院　教授
・研究開発実施場所：新潟県佐渡市

　地域に根ざした脱温暖化というグローバルな環境問題の解決のために、「ローカル・コモンズの包括的再生の技術開発とその理論化」を行い、またその根底に据えるべき「脱近代の哲学」の構築を目標とした。新潟県佐渡市において、ローカル・コモンズを地域が主体的に再生し、持続的に維持管理していくための合意形成マネジメントと地域主体形成の技術の開発を行い、地域住民、行政関係者、学識経験者をはじめとする多様な人びとが参加し、関心を共有できる場を設け、天王川自然再生事業における合意形成プロセスを構造的に把握するためのフレームを構築した。特に、地域主体形成の方法論の開発においては天王川の下流の法定外公共物となっている加茂湖の葦原再生活動を行う等、環境再生のための河川工法である多自然工法がCO_2削減効果をもつことを明らかにした。

カテゴリーI 　**地域共同管理空間（ローカル・コモンズ）の包括的再生の技術開発とその理論化**

研究代表者：桑子敏雄（東京工業大学大学院教授）

東京工業大学グループ：ローカル・コモンズ再生に向けたプロジェクト・マネジメント技術の研究開発
九州大学グループ：自然再生型地域づくりのモデル形成とCO_2削減量の推算
兵庫県立大学グループ：野生復帰プロジェクトにおける地域ガバナンスモデル構築
研究協力機関：佐渡市、新潟県佐渡地域振興局、環境省佐渡自然保護官事務所、加茂湖漁業協同組合

研究開発目標

1. 地域に根ざした国土整備のための合意形成マネジメントの理論構築
2. コモンズの再生と管理を担う地域主体形成の理論構築
3. 脱温暖化を近代の作り直しとする哲学の構築
4. コモンズ再生に関する理論と技術の体系的普及

ローカル・コモンズとは？

1. 農業用水路、ため池、海岸などの生態系、自然環境）
2. 資源（薪炭・流木などのエネルギー資源、水資源、山菜・きのこなどの食料資源）
3. 共同で空間を管理し、資源を利活用する地域のマネジメント・システム、マネジメントの主体・組織

なぜローカル・コモンズか？

- 環境保全型社会基盤整備（ex. 多自然川づくり等）には大きなCO_2削減効果がある。
- 脱温暖化につながる社会基盤整備には、「ローカルコモンズ再生」の視点が不可欠。
- ローカル・コモンズ再生には、市民参加・市民主体による計画立案と継続的な維持管理が必要。地域空間がローカルコモンズとして認識されてはじめて、多様な主体が連携することが可能となる。

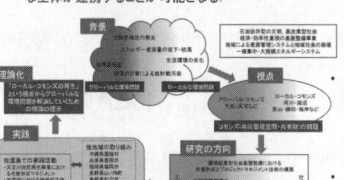

研究開発のアプローチ

多自然川づくり工法におけるCO_2削減効果を算出。
多自然工法による計画論によって最大で80％のCO_2排出量が削減可能。
国土交通省による「中小河川に関する河道計画の技術基準」および「多自然川づくりポイントブックIII」へCO_2削減への配慮を組み込むことに成功

研究プロジェクトの主な実践的成果

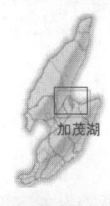

「市民工事」によって、法定外公共物としての加茂湖の湖岸再生を実現

佐渡・福浦集落でふるさと見分け・ふるさと磨きを実践し、主体形成を実現

実際に合意形成マネジメントを実践しながら理論を構築

ローカル・コモンズ・マネジメントの主体形成論

- 近代以前では、熱エネルギー（薪炭などの燃料）、水力による動力は、ローカル・コモンズとして管理された。しかし、近代化の過程で、エネルギー革命によりローカルなエネルギーは、国家と巨大資本により支配される化石・鉱物エネルギーへと転換された。エネルギーが一極集中管理されるとともに、コモンズ・エネルギー資源は駆逐された。

- 地租改正による国・公有地と私有地への区分等の近代化政策により、入会空間に対する地域のマネジメント力が衰退した。日本の山野・海岸等の入会的コモンズ空間の荒廃は危機的状況にある。

- 再生可能エネルギーは本来地域のものであり、コモンズ（コモンズ・エネルギー）であったが、近代化の過程でエネルギーはコモンズであるという認識そのものが失われた。この認識を取り戻すための哲学の構築と普及が脱温暖化を地域から実行するためには不可欠である。

- コモンズ・エネルギーの再生には、エネルギーをコモンズとして捉えるとともに、地域空間のコモンズ的管理システムを創造的に再生することが必要である。（「エネルギーは地域のもの」）

- 「地域に根ざす脱温暖化環境共生社会」実現のためには、グローバル・コモンズとローカル・コモンズの両方に視野をもつ地域の行動主体の形成が課題である。この主体がローカル・コモンズのマネジメントの主体となる。

- コモンズ・マネジメントの主体形成には、社会的合意形成技術とプロジェクト・マネジメント技術を組み込んだ「ふるさと見分け・ふるさと磨き」、「市民工事・市民普請」、「市民主体の制度整備」の統合手法が有効である。

⑫【内藤プロジェクト】(カテゴリーⅠ)

「滋賀をモデルとする自然共生社会の将来像とその実現手法」

・研究代表者：内藤正明

　滋賀県琵琶湖環境科学研究センター

　　　　　　　　　　　　　　センター長

・研究開発実施場所：滋賀県

　脱温暖化とは本来、先進的な技術のみで実現するものではなく、社会システムから人々の価値観までの総体的な変革による持続可能な社会への転換の中で実現されるものであり、地域という視点に立てば主体自らが形成・維持可能な地域適正技術により支えられるものである。この仮説のもと、持続可能な社会を"2030年に二酸化炭素排出量を半減（1990年比）という制約下で、地域にとっての豊かさを可能な限り達成するものとして持続可能社会の実現を目指し、滋賀県東近江市を対象に、地域が主体となり、脱温暖化を図りつつ、豊かな暮らしができる地域の将来ビジョンとその実現ロードマップの作成手法を提示した。これらの過程で得られた知恵と技法を体系化し、地域に根差した自然共生で持続可能な社会づくりを目指す他地域でも参考となるような手引書（マニュアル）を提示した。

カテゴリーI

滋賀をモデルとする自然共生社会の将来像とその実現手法
内藤正明（滋賀県琵琶湖環境科学研究センター センター長）

●プロジェクトの目的
滋賀県東近江市を対象に、地域が主体となり、脱温暖化を図りつつ、自然共生で豊かな暮らしができる地域の将来ビジョンとその実現ロードマップの作成手法を提示

●市民参画による地域の将来ビジョンとその実現ロードマップの作成方法

「ひがしおうみ環境円卓会議」の設立
・市内外の様々な分野で活躍するキーパーソン26名からなる円卓会議を設立
（環境：7名／まちづくり：8名／福祉：2名／農林林：5名／教育：3名／経済：1名）

地域の望ましい将来像に関する議論
・2030年に自分たちが目指す東近江市の将来の姿について議論を重ねる（平成21〜22年度まで6回）

将来像の実現策に関する議論
・2030年までに必要な東近江での取り組みについて議論を重ねる（平成23年度7回）
・将来像の内容をもとに、前もって必要な取組（制度設計・主体の育成・場の創出など）を"芋づる式"に抽出
・可能なかぎり、東近江市内の具体的な地域や主体を取り上げることでの地域性をもたせる

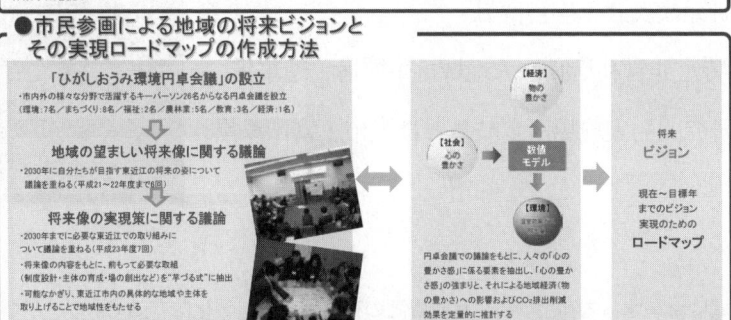

【ひがしおうみ環境円卓会議の開催】

円卓会議での議論をもとに、人々の「心の豊かさ感」に係る要素を抽出し、「心の豊かさ感」の強まりと、それによる地域経済（物の豊かさ）への影響およびCO₂排出削減量を定量的に推計する

【数値モデルによる定量検証】

将来ビジョン

現在〜目標年までのビジョン実現のための
ロードマップ

●2030年、自然と共生する東近江市の将来ビジョン

東近江市にとっての「豊かさ」とは、毎日の暮らしや仕事を通じて、地域の「人と人とのつながり」があり、「人と自然がつながっている」こと。

仕事を通じた人と人とのつながり
地域の人々が地域のために働く時間が増える

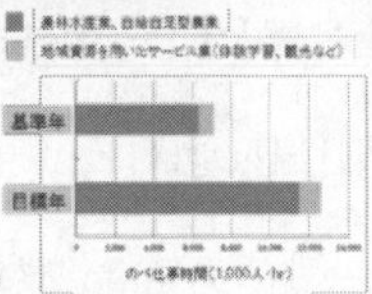

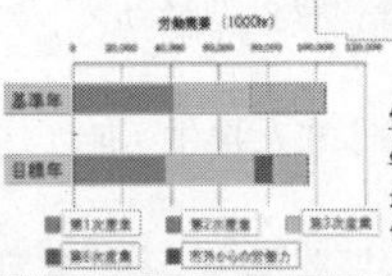

温室効果ガス排出量の削減
地域全体で5割強の削減を達成、そのうち地域社会構造を変えた（つながりが強まった）ことに由来する削減分は約2割にのぼる

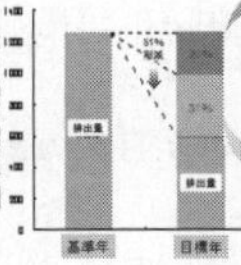

仕事を通じた地域の人と自然とのつながり
地域の自然資源に関わる仕事創出時間が増える

経済の規模と地域内循環
地域内でのお金のやりとりがより活発になる

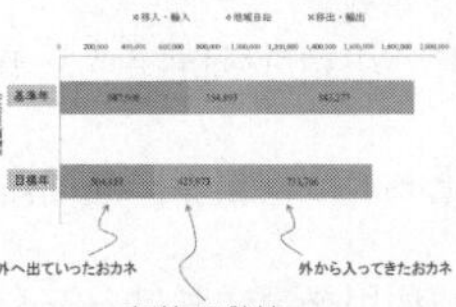

外へ出ていったおカネ　外から入ってきたおカネ
中でまわっているおカネ

●東近江市の将来ビジョン実現のためのロードマップ

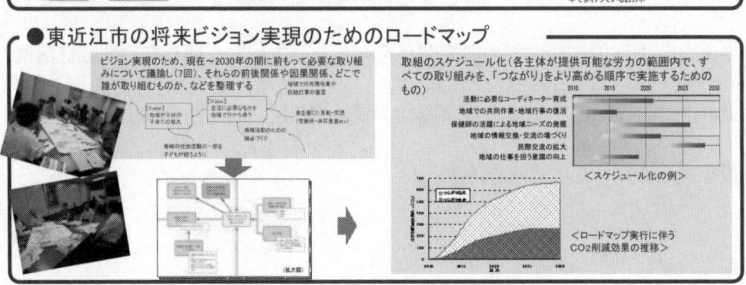

ビジョン実現のため、現在〜2030年の間に前もって必要な取組みについて議論し（7回）、それらの前後関係や因果関係、どこで誰が取り組むものか、などを整理

取組のスケジュール化（各主体が提供可能な労力の範囲内で、すべての取り組みを、「つながり」をより高める順序で実施するためのもの）

＜スケジュール化の例＞

＜ロードマップ実行に伴うCO₂削減効果の推移＞

⑬【駒宮プロジェクト】(カテゴリーⅡ)

「小水力を核とした脱温暖化の地域社会形成」

・研究代表者：駒宮博男

　　特定非営利活動法人地域再生機構　理事長

・研究開発実施場所：岐阜県郡上市・富山県黒部市

　地域に潜在する未利用の再生可能資源の利活用が脱温暖化に有効であり、とくに我が国で最も有望な再生可能エネルギーである小水力の活用を促進し、直面するエネルギー問題と温暖化対策、集落再生とエネルギー自立に対して、地域が主体的解決能力を発揮できるメカニズムの創出を目標とした。具体的には、①岐阜県白鳥町石徹白地区、および、②富山県（宇奈月温泉地区ほか）を対象に、水利権などの法制度的問題点と手続き推進組織構築、小水力発電装置や設置コストの低廉化への取り組みに向けた小水力発電導入技術の研究開発、また再生可能エネルギー利用発電における安全で簡便な電力制御回路の設計、低速電動バスの運航などによる電力利用についての研究開発を行った。これらを通して、地域自治再生メカニズムに関する小水力実現に関わる制度的・社会的隘路を抽出し解決・改善方策を明らかにすることを試みた。

小水力を核とした脱温暖化の地域社会形成

カテゴリーⅡ

駒宮博男 (NPO法人地域再生機構 理事長)

■ 研究目標

我が国で最も有望な再生可能エネルギーである**小水力の活用を促進**し、直面するエネルギー問題と温暖化対策、集落再生とエネルギー自立に対して、**地域が主体的解決能力を発揮できるメカニズムの創出**を目指す。

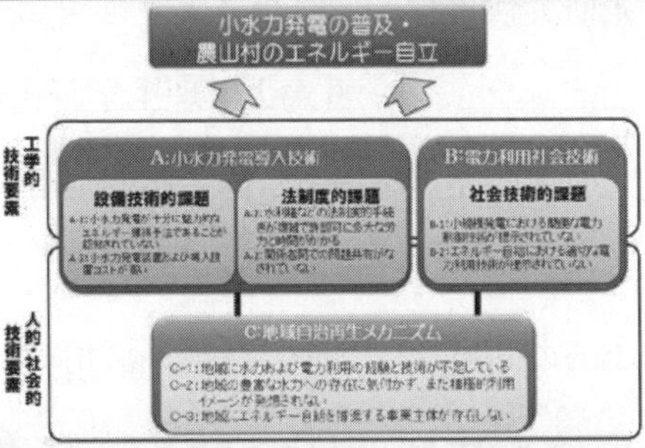

小水力発電の普及・農山村のエネルギー自立

工学的技術要素

A：小水力発電導入技術
- 設備技術的課題
  - A-1: 小水力発電で十分な電力エネルギーを得ることができることが認知されていない
  - A-2: 小水力発電装置およびその人口コストが高い
- 法制度的課題
  - A-3: 水利権などの法規制が小水力発電の普及妨げになっている
  - A-4: 固定価格買取制度が導入されていない

B：電力利用社会技術
- 社会技術的課題
  - B-1: 小規模地域電力における需給電力制御技術が成熟していない
  - B-2: 小エネルギー社会における電力利用技術が確立していない

人的・社会的技術要素

C：地域自治再生メカニズム
- C-1: 地域に水力および電力利用の経験と技術が不足している
- C-2: 地域の豊富な水力への存在に気付かず、また様態が不明瞭で発想されない
- C-3: 地域エネルギー自立を推進する事業主体が存在しない

■ 主な成果・結果

小水力発電導入技術

小水力発電の魅力を伝える電力自給システム  
年間1000人以上が訪れ、ショールームとして貢献

水利関係者によるone-table会議 
水利ネットワーク懇談会

低価格螺旋水車の開発

電力利用社会技術

バッテリー電力需給バランス回路構築

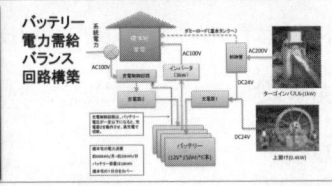

農村地帯における軽トラ利用実態調査 &EV利用意向調査

小水力発電で走行するための電気軽トラの適正仕様
- 充電機続距離：40-50km
- バッテリー容量：約5kWh (8km/kWh)
- 電池重量：約20kg

電気コミバスeCOM-8社会実験

地域自治再生メカニズム

地域資源利用促進に向けた普及支援活動

気付きのツール、超低価格螺旋水車「ピコピカ」
⇒全国300台以上の普及

地域自治再生の実践
⇒地域自治再生メカニズムを明らかに

◆岐阜・石徹白：水車＋カフェ＋特産品
 雇用創出・移住者増加
 ⇒140kWの発電農協創設へ
◆富山・宇奈月：でんき宇奈月プロジェクト
◆黒部川扇状地

⑭ **【宝田プロジェクト】（カテゴリーⅡ）**

「地域力による脱温暖化と未来の街－桐生の構築」

・研究代表者：宝田恭之

　　　　　　群馬大学理工学研究院　教授

・研究開発実施場所：群馬県桐生市

　地方の中規模都市では生活形態や都市構造がマイカー中心となっていることから、マイカーからのCO_2排出量がきわめて高い。一方で高齢化に伴い公共交通の活用が不可欠であるが、その維持が難しい現状である。本プロジェクトでは、ＥＶや低速電動バスなど低炭素型の交通インフラを整備し、暮らしやすいコンパクトな低炭素型都市構築を目指し、省エネルギー技術としてマイクロ EV 開発や「スローモビリティ」概念の確立、低速電動バス開発を行い、地域教育機関・市民・地域企業・大学の 連携による地域一体型の教育プログラム継続、木塀技術の民間移転などが実現され、分かりやすい技術の地域実装によって合意形成や市民理解を促進する方法を示すことを目標とした。

カテゴリー II　**地域力による脱温暖化と未来の街—桐生の構築**

宝田 恭之（群馬大学理工学研究院 教授）

本プロジェクトでは、大学と行政，市民や地域企業，交通事業者，商店街などが協働して、地域の再生可能エネルギーを活用し低炭素の公共交通が発達した暮らしやすい街づくりを進め、さらに観光事業やマイクロEVなどの新しい地域産業と雇用の創出を目指しています。

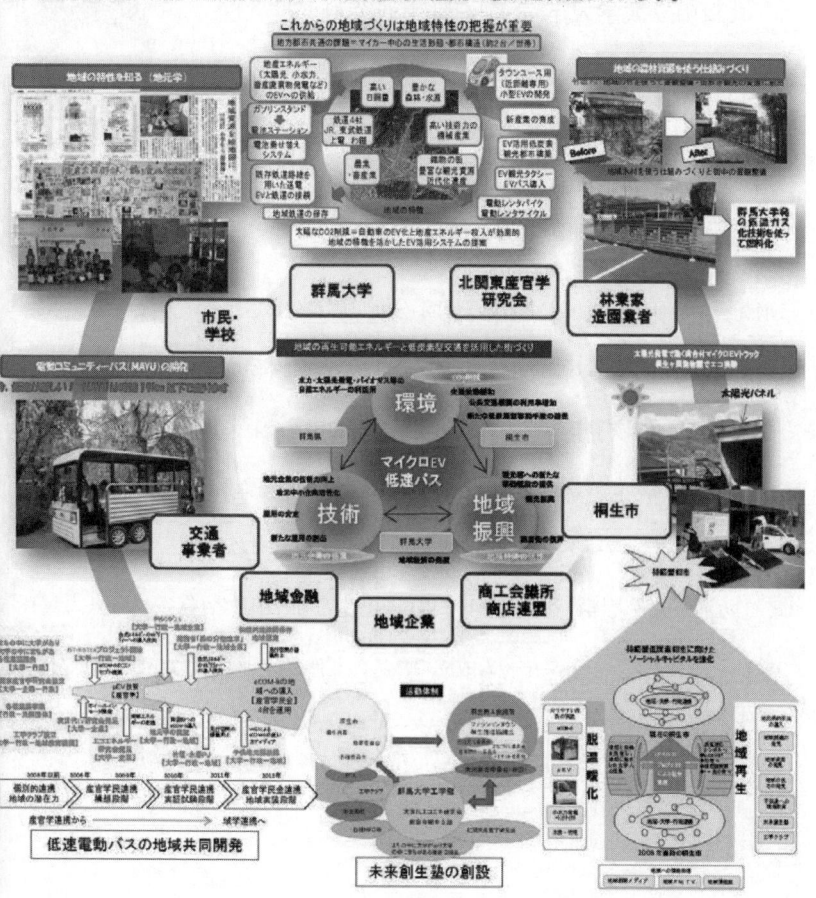

⑮【永田プロジェクト】(カテゴリーⅡ)

「名古屋発!低炭素型買い物・販売・生産システムの実現」

・研究代表者:永田潤子

　大阪市立大学大学院 創造都市研究科　准教授

　［平成20年10月～平成23年3月　研究代表者:千頭　聡

　　日本福祉大学国際福祉開発学部 教授］

・研究開発実施場所:愛知県名古屋市

　消費者・流通販売者・生産者の三者が分断(固定化)され、十分なコミュニケーションがとれていないために、バリューチェーン全体が大量生産・大量消費型となっている。本プロジェクトでは日常的な「買いもの」に焦点を当て、バリューチェーン全体の低炭素社会へのシフトを目指して、消費者、流通販売者、生産者の相互学習型プラットフォームとして、「リサーチャーズクラブ(RC)」を構築し、①流通販売者と消費者(リアルな場)と②生産者と消費者(バーチャルな場)で検証を通し、プラットフォーム成立のための要件、行動変容のための知見を集約し、RCによる「消費者コミュニケーター」などの人材育成、共創・創発的マネジメントの技術波及を目指した。

カテゴリーⅡ 名古屋発！低炭素型買い物・販売・生産システムの実現

おかいもの革命！プロジェクト　永田潤子（大阪市立大学大学院創造都市研究科 准教授）

● プロジェクトの要旨

現代の大量生産・大量消費は、消費者・流通販売者・生産者の関係性が分断されていることにあり、これがCO_2排出量の増大に大きな影響をあたえているとの仮説の元、本プロジェクトでは、「買う側」「売る側」「作る側」の"相互学習型プラットホーム"による3者の関係性のつくりなおしを目指した実証実験を行った。

● 実施内容

社会実験が可能な日常的なお買いものに焦点をあて、2つのプラットホーム
①「流通販売者と消費者（リアルな場）」②「生産者と消費者（バーチャルな場）」で検証を実施。

①リアルな場‥‥リサーチャーズクラブ　　　　　　　　　　②バーチャルな場‥‥あいちごはん

ユニー㈱との取り組み　　㈱ジェイアール東海高島屋との取り組み　　Facebookを使った取り組み

● 得られた結果

①プラットホームに参画した消費者の変容	②事業者の変容と経営戦略への活用	③プラットホーム成立のための要件
1 健康配慮商品、環境配慮商品の購入意欲が高まった。 2 情報発信や商品選択を慎重にするようになった。 3 有名メーカー志向が低下した。	1 実態に合わせた環境への取り組み 2 消費者とのコミュニケーションギャップの解消とコミュニケーションデザインの開発 3 社内外での情報交換・社員の意識改革 4 地域に根差した経営戦略への発露 5 ブランドイメージの向上とメンバーのファン化	1 中立的な立場（第3者）が事務局として存在すること 2 共感をベースにはじめること 3 参加意欲が湧き、買続できること 4 達成感がみたされること 5 クロスメディアの活用

● 脱温暖化シナリオ

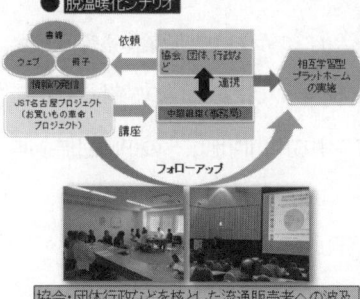

協会・団体行政などを核とした流通販売者への波及　　　中長期商材への波及

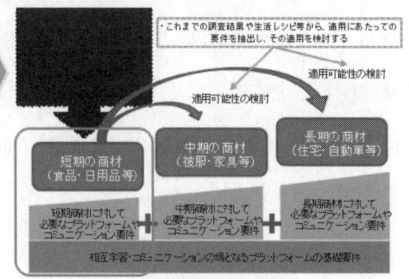

⑯【藤山プロジェクト】(カテゴリーⅡ)

「中山間地域に人々が集う脱温暖化の『郷(さと)』づくり」

・研究代表者：藤山　浩

　島根県中山間地域研究センター　研究統括監

・研究開発実施場所：島根県浜田市

　本研究開発プロジェクトは、石油文明の中で形成された都市集中型の居住構造からの人口還流を進めることがわが国全体としての脱温暖化に貢献し得るとの考えに立ち、中山間地域への持続性ある、地域住民を主体とした人口還流の手法開発を行うことを目的とした。具体的には、中山間地域が条件不利地域とされてきた「近代」の「作り直し」を目指す視点から、島根県浜田市弥栄自治区（2005年人口1,612人、面積105.5km²、27集落　＊1960年人口5,288人）で、人口還流に伴うエネルギーや食料の需要と供給に関する環境・資源容量の基礎的な検証を行い（2050年時定住人口目標5,600人）、地元学の実践、「郷づくり事務所」の設置実験など「地域の内発力の形成を重視した地域課題創出・解決法の研究開発を行った。人口還流受け入れの手法開発、生活インフラおよび産業体系等の基盤開発に関わる全体構想づくりへと展開し、「2050年までに総人口の5割・5000万人以上が居住し国全体のCO_2の8割削減に寄与する中山間地域への田園回帰を進める全国シナリオの提示を試みた。

カテゴリーⅡ　田園回帰を呼び起こす地元の創り直し～「暮らし」と「自然」をつなぐ社会技術

「中山間地域に人々が集う脱温暖化の郷づくり」

藤山 浩（島根県中山間地域研究センター 研究統括官）

本プロジェクトは、2050年までに総人口の5割・5,000万人以上が居住し国全体のCO₂、8割削減に寄与する中山間地域への田園回帰のシナリオを追求する中で、脱温暖化と環境共生を進める基本定住圏として「郷」（モデル地区：島根県浜田市弥栄自治区、人口1,493人）を想定し、必要とされる生活基盤や協働体制および人材育成のあり方も含めて実証的な検討を行い、地域住民を主体とした人口還流の手法開発を行うものである。

課題状況

基盤づくり

複合化＆近隣循環

発展・普及